普通高等职业教育计算机系列规划教材

Photoshop 图像处理项目教程

杨兆辉　明丽宏　主　编

张　蕊　杨　文　副主编

刘丽华　主　审

电子工业出版社

Publishing House of Electronics Industry

北京·BEIJING

内容简介

本书以企业项目为载体，打破传统教材的体例框架，以"项目驱动，成品输出"为主线。将 Photoshop 软件的强大功能及相关项目的领域知识，贯穿在项目创作过程的始终，使读者将 Photoshop 软件知识、项目领域知识与项目创作紧密结合起来。

全书围绕"封面制作"、"海报制作"、"标志制作"、"包装制作"、"网页制作" 5 个典型项目的创作实施，将 Photoshop 软件的安装与基本操作、图层管理、颜色设置、选区创建、图形绘制与编辑、文字制作、矢量图形与路径的应用、通道与蒙版的应用、色彩与色调调整、滤镜特效等功能循序渐进地进行全面讲解。

本书适合作为各类大中专院校、职业院校及各类计算机培训单位的教材，也适合作为图像编辑爱好者及平面设计人员的参考书。

图书在版编目（CIP）数据

Photoshop 图像处理项目教程 / 杨兆辉，明丽宏主编. —北京：电子工业出版社，2015.10
（普通高等职业教育计算机系列规划教材）

ISBN 978-7-121-26996-7

Ⅰ. ①P… Ⅱ. ①杨… ②明… Ⅲ. ①图像处理软件—高等职业教育—教材②Photoshop Ⅳ. ①TP391.41

中国版本图书馆 CIP 数据核字（2015）第 195644 号

策划编辑：徐建军（xujj@phei.com.cn）
责任编辑：郝黎明
印　　刷：三河市双峰印刷装订有限公司
装　　订：三河市双峰印刷装订有限公司
出版发行：电子工业出版社
　　　　　北京市海淀区万寿路 173 信箱　邮编　100036
开　　本：787×1 092　1/16　印张：14.25　字数：364.8 千字
版　　次：2015 年 10 月第 1 版
印　　次：2015 年 10 月第 1 次印刷
印　　数：3 000 册　定价：32.00 元

凡所购买电子工业出版社图书有缺损问题，请向购买书店调换。若书店售缺，请与本社发行部联系，联系及邮购电话：（010）88254888。

质量投诉请发邮件至 zlts@phei.com.cn，盗版侵权举报请发邮件至 dbqq@phei.com.cn。

服务热线：（010）88258888。

前　言

本书以高等职业教育注重学生应用能力培养的要求为原则，融"理论知识、实践技能、行业经验"于一体。本书内容注重和职业岗位相结合，遵循职业能力培养基本规律，构建Photoshop 图像处理课程体系，由简单到复杂，由单一到综合，设置"大学生求职封面制作"、"音像教材封面制作"、"城市宣传海报制作"、"汽车海报制作"、"禁止吸烟标志制作"、"车标制作"、"牙膏包装制作"、"月饼盒包装制作"、"汽车网页制作"、"房地产网页制作"5 类 10 个项目创作。

本书 5 个项目创作的内容框架为"项目创作+Photoshop 软件知识+相关领域知识+经验指导+项目训练"，以企业项目为平台，以典型工作任务为载体，引领软件知识点的学习，使学生掌握所需的基本理论和技能。本书内容的设计同时兼顾融入行业经验与有机嵌入职业标准，拓展学生的自主和合作学习的能力，不仅满足为学生未来可持续发展的能力培养奠定坚实的基础，还为教师个性化教学提供了更多的资源和选择。

本书根据国家职业资格考试及平面设计图像制作员认证考试要求，突出实际、实用、实践等高职教学特点，妥善处理能力、知识、素质全面协调发展的关系，着重培养学生的综合职业能力。

本书由具有多年教学实战经验的"双师素质"一线骨干教师编写而成，力求抓住初学者心理特点，激发初学者创造性思维能力，突出讲授教师多年的实战经验及 Photoshop 软件操作技巧。本书不仅提供了项目素材、项目效果文件，还特别安排了项目训练，让读者能够举一反三、轻松驾驭并完成项目创作，能够真正成长为 Photoshop 创作高手。在本书的编写过程中，考虑了不同的硬件配置问题，本书适合于 Photoshop CS4/CS5/CS6/CC 版本。

本书是立体化本书，充分利用现代化的教学手段和教学资源辅助教学，图、文、声、像等多媒体并用。本书具备丰富的教学资源保障，能够极大地激发读者的学习兴趣，提升教学效果，为本课程和相关专业的教学改革奠定了坚实的基础。

本书由哈尔滨职业技术学院的杨兆辉、明丽宏担任主编，由张蕊、杨文担任副主编，由刘丽华主审。全书由杨兆辉、明丽宏组织策划，张蕊、杨文统稿，刘丽华审阅定稿。其中，项目 1 由刘丽华编写，项目 2 由杨兆辉编写，项目 3 由杨文编写，项目 4 由张蕊编写，项目 5 由明丽宏编写。在本书编写过程中，编者得到了各方面的支持，在此一并表示感谢！

为了方便教师教学，本书配有电子教学课件及相关资源，请有此需要的教师登录华信教育资源网（www.hxedu.com.cn）注册后进行免费下载。如有问题可在网站留言板留言或与电子工业出版社联系（E-mail：hxedu@phei.com.cn）。

由于编者水品有限，加之时间仓促，书中难免存在疏漏和不足之处，恳请同行专家和读者给予批评和指正。

编　者

目　　录

项目 1 封面制作

本项目主要在掌握封面设计基本结构、封面设计各部分特点及封面设计方法的基础上，运用 Photoshop 完成图像合成与图形绘制等创作技法。灵活地使用多种选取工具，创作出精确的选区是 Photoshop 作品创作的关键环节；同时，Photoshop 图形绘制功能非常强大，巧妙地使用这些功能，足以使没有任何美术基础的人成为一名优秀的设计师。

重点提示：

➥   封面设计相关知识
➥   图像合成与图形绘制

任务 1 大学生求职封面制作

1.1.1 主题说明

大学生求职书（自荐书）的编写是每个大学生毕业前必须要做的事情，通过"大学生求职封面制作"设计实战，可使学生熟悉图书封面设计的意义、要求和程序。封面是求职书的门面，它通过艺术形象吸引用人单位，起到无声的推销作用，也是展示自己艺术才能的机会。

1.1.2 实施操作

1）执行"文件-新建"命令，新建背景文件，弹出如图 1-1 所示的"新建"对话框。按"Ctrl+R"组合键打开标尺，使用"移动"工具拉上辅助线（四周留出 3 mm 裁纸线，中间是封面和封底）的分界线，如图 1-2 所示。

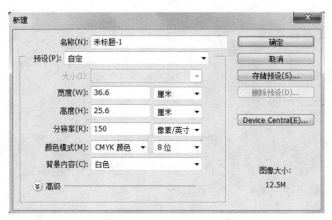

图 1-1 "新建"对话框

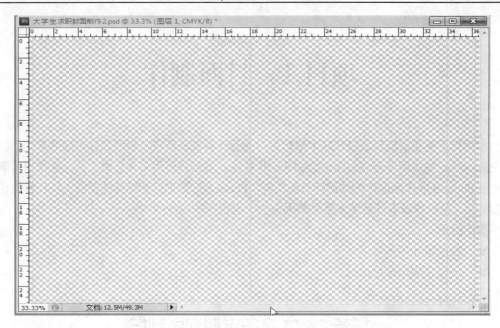

图1-2　辅助线设置

2）使用"渐变"工具，制作渐变色，前景为#66cccc，背景为#ccffcc，封底部分工具属性栏设置为"对称渐变"、"反向"，如图1-3所示。

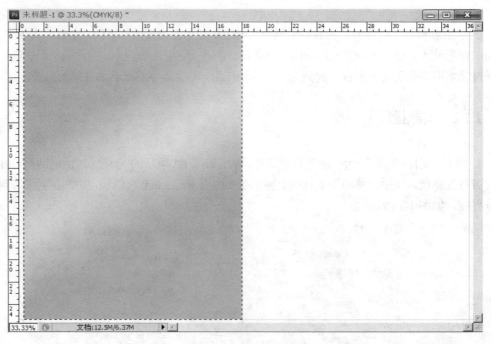

图1-3　渐变填充效果

3）制作封面十字分界线，选择"直线工具"，"颜色"设置为"黄色"，"粗细"设置为"4像素"，在封面上拖动出如图1-4所示的辅助线。

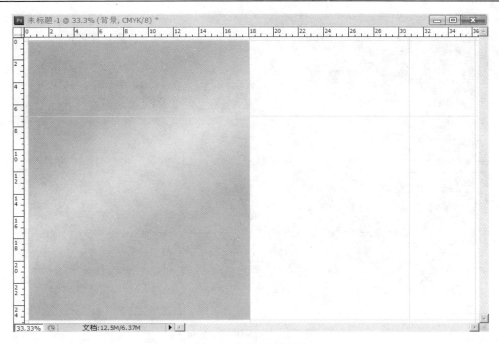

图1-4 十字分界线效果

4）仿照步骤2）的方法，制作封面十字线左上角和右下角的渐变底色，工具属性栏设置为"线性渐变"，如图1-5所示。

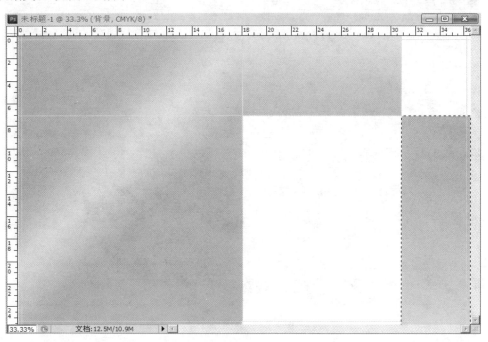

图1-5 渐变填充效果

5）在封面部分十字交叉点的右上角制作网纹图案，框选目标区域，选择"油漆桶工具"，在属性栏中选择"方格线"图案，单击目标区域内部；再新建一个图层，填充浅蓝色，设置图层叠加方式为"正片叠底"，并适当调整透明度，如图1-6所示。

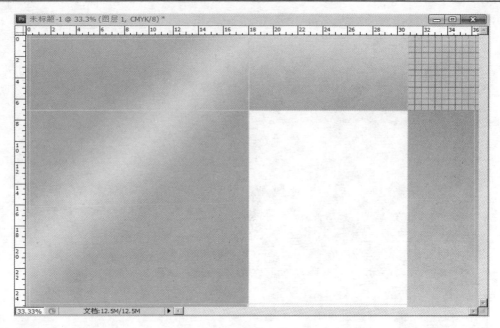

图 1-6　制作网格图案效果

6）在封面部分十字线交叉点的右下方插入图片（图片可根据读者需求选取），效果如图 1-7 所示。

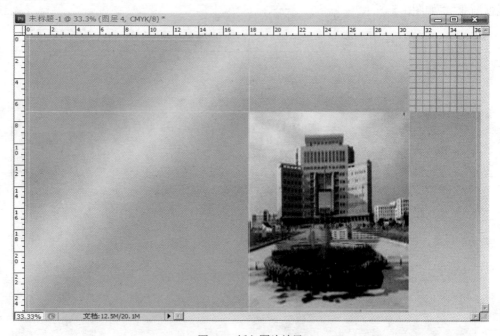

图 1-7　插入图片效果

7）打开"4.jpg"图片，使用"移动"工具将其合成到右上方，并单击图层面板中的"设置图层的混合模式"按钮，选择"正片叠底"效果，如图 1-8 所示。

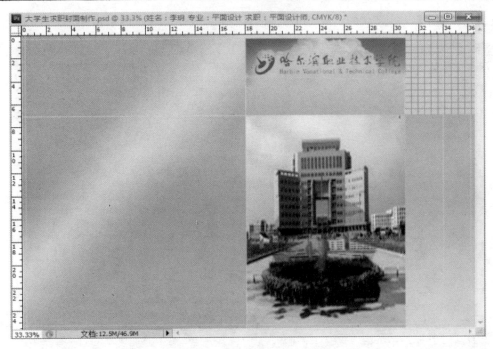

图 1-8　正片叠底效果

8）在封面十字交叉点右下方制作广告条：选择"圆角矩形"工具，在工具属性栏中适当设置半径值，颜色设置为"墨绿色"，并使用"直排文字"工具，输入文字"你给我一个机会，我还你一份精彩"，效果如图 1-9 所示。

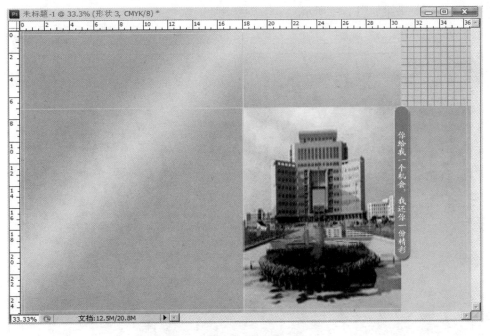

图 1-9　输入文字效果

9）在封面十字交叉点处制作头像：选择"椭圆"工具，在"样式"属性中追加"Web 样式"，然后选择并使用"绿色回环"，在目标位置处按住"Alt+Shift"组合键，制作出圆形相框，并在圆形相框中粘贴求职者的头像（可根据读者需求选取），效果如图 1-10 所示。

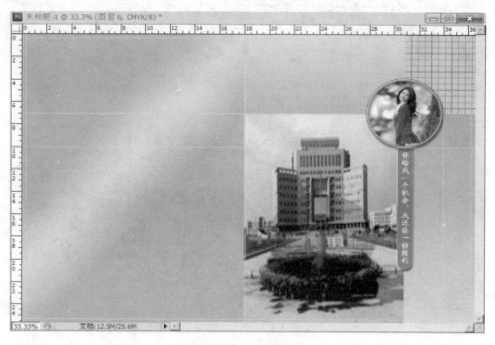

图 1-10   制作头像效果

10）使用"移动"工具，打开原图片并按住鼠标左键快速完成图片合成（可根据读者需求自行选取），单击"图层面板"底部的"添加图层样式"按钮，适当添加"投影"、"斜面和浮雕"及"描边"样式，效果如图 1-11 所示。

图 1-11   添加样式

11）使用"直排文字"工具，在工具属性栏中选择"黄色"，根据需求适当设置"字体"及"字号"，输入"求职简历"文字，效果如图 1-12 所示。

图 1-12　输入文字效果

12）继续使用文字工具，根据求职者的需求输入其余文字，执行"文件-存储"命令进行保存，最终效果如图 1-13 所示。

图 1-13　作品最终效果

> **注意：** 　按住"Shift"键再选择椭圆选框工具，可以创建圆形选区。按住"Alt"键，可以创建一个以起点为中心的椭圆形选区。按住"Alt+Shift"组合键，可以创建一个以起点为中心的圆形选区。

1.1.3　总结与点评

大学生求职书（自荐书）封面设计是图书装帧设计的前奏。但是，由于求职书比较薄，没有考虑书脊的设计，而在项目扩展中制作音像教材光盘盒时，充分考虑了书脊的厚度，本项目的创作能够为进一步学习纸质图书装帧设计奠定坚实的基础。

任务 2　音像教材封面制作

1.2.1　主题说明

任何工作都有一个基本流程，封面设计作为一个比较成熟的设计行业，也拥有一套完善的设计流程。

1）封面构思：设计的开始，需要对图书内容有一个深刻、全面的了解，并对图书主题进行归纳与总结，在构思过程中，应全盘考虑在封面设计中可能运用的色彩、文字、图像等元素。

2）版面构图：以构思为基础，将原来抽象的想法实现为可见的具体形象内容，其中包括前面讲解的文字、图像及色彩元素的设计。

3）搜集素材：在完成构思与构图工作后即可开始实质性的设计工作，通过各种渠道将构图时想到的素材搜集起来。

4）设计执行：按照既定的思路结合软件技术，将封面中的图像内容制作出来。

1.2.2　实施操作

1）新建文件（296 mm×200 mm、分辨率为300、模式为RGB、背景为白色），如图 1-14 所示。正面封宽度 140mm+书脊宽度 10mm+封底宽度 140mm+左右出血（各 3mm）=296mm；封面高度 194mm+上下出血（各 3mm）=200mm。

2）使用"移动"工具，拖入"蓝天白云"、"条码"及"底纹"图片，"桥"及"花"的图片，并在图层面板中"桥"与"花"的"设置图层的混合模式"快捷菜单中选择"正片叠底"模式，如图 1-15 所示。

图 1-14　新建文件

图 1-15　插入图片效果

3）使用"横排文字"工具，输入相应文字，执行图层面板中的"合并可见图层"命令，对图层进行合并，最后执行"文件-存储"命令对其进行保存，效果如图 1-16 所示。

图 1-16　输入文字效果

4）执行"文件-新建"命令，宽度为 29 厘米，高度为 19 厘米，其他为默认值。使用"移动"工具将背景文件拖入新建文件中，效果如图 1-17 所示。

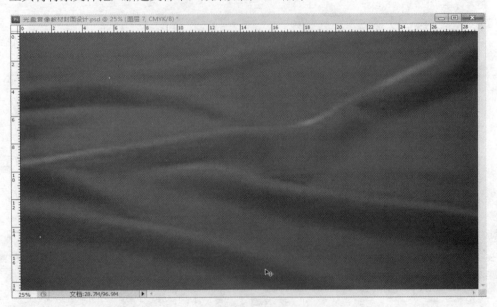

图 1-17　插入背景文件

5）使用"移动"工具将"光盘音像教材"平面图片拖入背景图片，如图 1-18 所示。

图 1-18 插入背景图片

6）使用"矩形选框"工具框选封底部分，并按"Delete"键对其进行删除，按"Ctrl+D"组合键去掉选区，如图 1-19 所示。

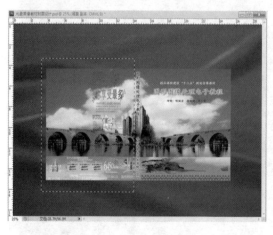
（a）框选封底

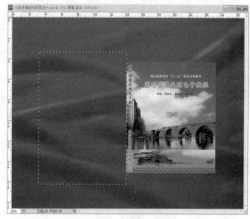
（b）删除封底

图 1-19 框选封底并进行删除效果

7）使用"矩形选框"工具框选书脊，如图 1-20 所示。

8）按"Ctrl+T"组合键，对图像进行自由变换，右击图像，在弹出的快捷菜单中先后执行"斜切"及"缩放"命令，对其进行变形，按"Enter"键进行确认即可，效果如图 1-21 所示。

图 1-20　框选封面书脊

图 1-21　斜切及缩放效果

9）使用"钢笔"工具，绘制并填充选区，效果如图 1-22 所示。

图 1-22　绘制并填充选区

10）选中钢笔绘制图层及封面图层，执行图层面板中的"合并图层"命令对其进行合并，并按"Ctrl+T"组合键，对图像进行自由变换，最后按住"Alt"键使用"移动"工具对其进行快速复制，最终效果如图 1-23 所示。

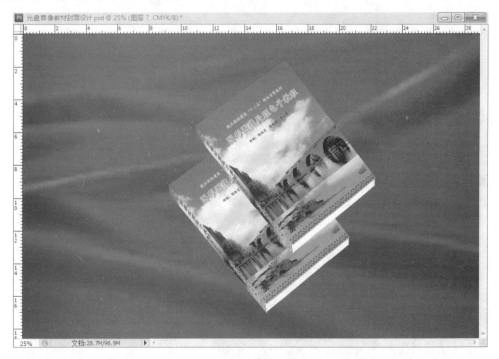

图 1-23　最终效果

> **注意：** 按住"Shift"键再选择"椭圆选框"工具，可以创建圆形选区。按住"Alt"键，可以创建一个以起点为中心的椭圆形选区。按住"Alt+Shift"组合键，可以创建一个以起点为中心的圆形选区。

1.2.3　总结与点评

在扩展项目中，安排了音像教材光盘盒设计，而光盘盒是有一定厚度的，所以在设计时要考虑到书脊的厚度。同时，在进行音像教材光盘盒封面设计时不但要考虑整个光盘的总体美观、视觉效果的冲击力，还要深入考虑音像教材的内容和定位。

任务3　封面制作相关知识

1.3.1　书箱封面的基本结构

1. 平装书籍封面的结构

平装书籍封面又称无护封无勒口软封面，由封面、封底和书脊构成，如图 1-24 所示。

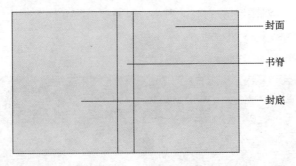

图 1-24　平装书箱封面

2. 简精装书籍封面的结构

简精装书籍的封面由勒口、封面、封底及书脊构成。此结构可以是无护封有勒口的软封面，也可以是软封面的护封，如图 1-25 所示。

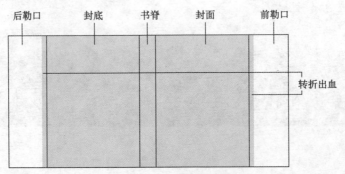

图 1-25　简精装书箱封面

1.3.2　书籍封面各部分特点

1. 前封面

前封面是设计中的最主要处，一般包括书名、作者名及出版者名，也是书籍设计的重点，如图 1-26 所示。

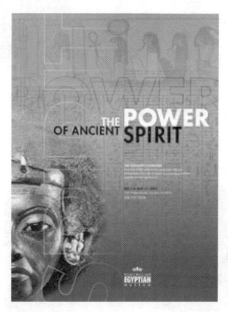

图 1-26　典型前封面

2. 书脊

一般来说，书脊上要注有书名、作者、出版社名称或出版社标志。很厚的书脊要着重设计，采用横排文字比竖排文字要好，因为横排文字便于阅读，而且在书籍展示时也更醒目。

3. 前勒口

前勒口是读者打开书看见的第一个文字较详细的部位，一般主要放置内容简介、作者简介和丛书名称等。根据侧重点不同，若为了方便读者阅读，则应放置书籍内容简介；若为了突出作者形象，则应放置作者简介；若为了推荐相关书籍，则应放置丛书名称。

4. 封底

相对于封面来说，封底的设计一般比较简单。简装书籍的封底主要有出版者标志、丛书名、价格、条码、书号及丛书介绍等。对于有勒口的书籍，这些信息可以放在后勒口上。

5. 后勒口

后勒口在内容上是最简单的，一般只有编辑者及丛书等文字说明。

1.3.3　书籍封面设计方法

1. 封面文字

封面文字一般比较简练，主要是书名（包括丛书名和副书名）、作者名和出版社名称等，如图 1-27 所示。

图 1-27　封面文字

2. 封面图形

　　封面上的图形包括摄影、插图和图案等，有具体的，也有抽象的；有写实的，也有写意的，如图 1-28 所示。

图 1-28　封面图形

3. 封面整体设计

1）封面与封底基本相同，如图 1-29 所示。

图 1-29　封面与封底基本相同

2）以一个完整的图形横跨封面、封底和书脊，如图 1-30 所示。

图 1-30　一个完整图形横跨封面与封底

3）将封面上的全部或局部图形缩小后放在封底上，作为封底上的标志或图案，从而与封面前后呼应，如图 1-31 所示。

图 1-31　封面全部或局部图形缩小放到封底

1.3.4　书箱封面设计赏析

1)《雅琴棋书画》设计赏析，如图 1-32 所示。

图 1-32　　《雅琴棋书画》设计赏析

　　图形、文字、色彩是书籍装帧设计的主要元素。此书的封面设计十分的有深度，环环相扣，处处传达着设计者的用心良苦。封面中的图形、文字、色彩无不在点出"琴棋书画" 4 个字。首先，整个封面图案上以几个古代学者为主，图案又被五根"琴弦"分割着，点出了"琴"；其次，封面的"琴棋书画"四字以圆黑背景点缀，就像围棋中的黑子一样，点出了"棋"；再次，封面中的"雅"字以中国古典的书法写出，点出了"书"；最后，一开始说的图案，看起来其实是一幅"画"，"画"的点出不言而喻。其中的文字以中国书法和英文相结合，则是一个古典和现代的结合，色彩上采用的是现代感十足的蓝色，古今结合更是完美。

　　2)《上海风云》设计赏析，如图 1-33 所示。

图 1-33　　《上海风云》设计赏析

　　这是一本具有近代上海滩风味的书籍，封面用的是大胆的墨绿色，里面隐约突出一位穿着旗袍的风情万种的女子，使人一看便能把这本书与上海结合起来。另外，一把扇子中是有上海的特色地点图片，从书的封面一直延伸到背面，整体设计美观，书名用两种字体设计，风云二字飘逸洒脱，处处突出主题。

任务 4　Photoshop CS5 相关知识

1.4.1　Photoshop CS5 安装与卸载

1. 安装 Photoshop CS5 的系统需求

要安装 Photoshop CS5，硬件配置需达到的最低要求如下。

1）至少 2GHz 或更快的处理器。

2）至少 1GB 或更大的内存。

3）安装需要至少 1GB 或更大的可用硬盘空间。

4）显示器的分辨率至少为 1024×768，建议使用 1280×800。显示器需带有合格的硬件加速 OpenGL 的图形卡、16 位颜色和至少 256MB 的 VRAM。

5）DVD-ROM 驱动器。

6）支持 DirectX9 及 Shader Model 3.0 标准。

7）多媒体功能需支持 QuickTime 7.4.5。

8）联机服务需支持 Internet 连接。

对于使用 Windows 系列操作系统的用户来说，操作系统可以是如下版本：Windows XP SP3、Vista Home Premium（家庭高级版）、Business（商用版）、Ultimate（旗舰版）或 Enterprise SP2（企业版）、Vista 64 位版本、Windows 7 操作系统、Windows 8 操作系统。

2. Photoshop CS5 安装与卸载

（1）Photoshop CS5 安装

在安装软件之前，先关闭系统中正在运行的所有应用程序，以确保 Photoshop CS5 正常安装。将光盘放入驱动器，然后按屏幕说明操作，如果安装程序没有自动启动，在光盘中找到 Adobe Photoshop CS5 文件夹中的 Set-up.exe 安装文件并双击，即可进入 Photoshop CS5 的安装界面，如图 1-34 所示。单击"接受"按钮，进入下一界面，如图 1-35 所示。

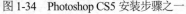

图 1-34　Photoshop CS5 安装步骤之一

图 1-35　Photoshop CS5 安装步骤之二

输入正确的序列号后，选择安装语言后，单击"下一步"按钮，如图 1-36 所示。选择要安装的选项及安装位置后，单击"安装"按钮即可开始安装。几分钟后即可顺利完成安装过程，如图 1-37 和图 1-38 所示。

图 1-36　Photoshop CS5 安装步骤之三　　　　　　图 1-37　Photoshop CS5 安装步骤之四

图 1-38　Photoshop CS5 安装步骤之五

（2）卸载 Photoshop CS5

执行"开始-设置-控制面板"命令，打开"添加或删除程序"对话框，找到 Adobe Photoshop CS5，如图 1-39 所示。单击"删除"按钮，即可进入 Photoshop CS5 卸载界面，如图 1-40 所示。选择要卸载的组件，如要彻底删除，建议勾选"删除首选项"复选框，设置好后单击"卸载"按钮，进入卸载界面，如图 1-41 所示，软件成功卸载后如图 1-42 所示。

图 1-39　"添加或删除程序"对话框　　　　　　图 1-40　Photoshop CS5 卸载步骤之一

图 1-41   Photoshop CS5 卸载步骤之二

图 1-42   Photoshop CS5 卸载步骤之三

1.4.2   Photoshop CS5 界面详解

Photoshop CS5 安装完成后，即可启动 Photoshop CS5 应用程序，打开 Photoshop CS5 的常用方法有如下两种。

1）执行"开始-程序-Adobe Photoshop CS5"命令。

2）双击桌面上的 Adobe Photoshop CS5 图标。

1. Photoshop CS5 主界面

Photoshop CS5 的工作界面如图 1-43 所示。其主要由应用程序栏、菜单栏、工具选项栏、选项卡式"文档"窗口、工具箱、控制面板组、状态栏等几部分组成。下面分别对窗口中各部分的功能进行介绍。

图 1-43   Photoshop CS5 的工作界面

2．应用程序栏

应用程序栏与 Windows 平台应用程序中的标题栏相似，位于窗口的最上方，用于显示应用程序的名称及窗口的最小化、最大化（还原）、关闭按钮。此外，一些常用辅助命令也放置在应用程序栏，包括其他应用程序控件按钮和工作区切换器，如图 1-44 所示。

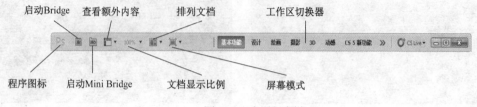

图 1-44　应用程序栏

3．工具选项栏

（1）工具箱

工具箱中集合了 Photoshop 中所有常用的功能，使它们以图标的形式表现出来。使用这些功能可以完成几乎所有的基本操作。工具箱位于整个界面的左侧，如图 1-43 所示。

可以看到，多数工具的右下角有一个三角形的符号，这表示该工具中还有同类型的其他工具，鼠标指针放在该工具上按住左键不放或者右击即可显示其他工具，如图 1-45 所示。可以看到工具名称和快捷键。可以使用"Shift+快捷键"来实现该组工具的切换。

图 1-45　套索工具组

（2）工具选项栏

工具选项栏显示的是工具的属性及相应选项，它是根据工具箱中所选择的工具不同而随时变化的。图 1-46 显示的是套索工具的工具选项栏。选项工具中的一些设置对于许多工具是通用的，如"羽化"选项等。

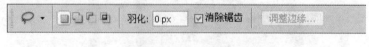

图 1-46　工具选项栏

4．常用面板

控制面板位于界面的右侧，是图像操作的常用命令和功能。并不是每个面板都是打开的，通过"窗口"菜单可以显示或隐藏某个面板，如图 1-47 所示。

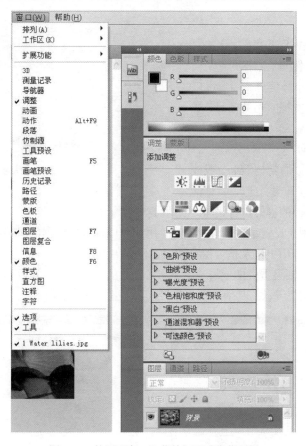

图 1-47　使用"窗口"菜单打开或隐藏面板

　　用户可以根据自己的需要来选择哪些面板可见；可以拖动面板顶部的标题来移动位置，完成组合；可以单击面板顶部的"折叠为图标"按钮 将面板折叠或展开，如图 1-48 所示；也可以单击"面板菜单"按钮 ，打开面板的菜单项，如图 1-49 所示。

图 1-48　折叠面板

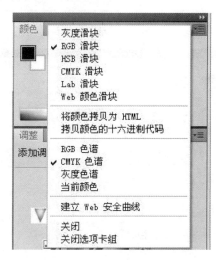

图 1-49　"颜色"面板菜单项

5. 状态栏

状态栏位于图像窗口的底部, 它主要显示当前编辑图像文件的基本信息, 文档的显示比例、文档大小等信息。用户可以执行不同命令来显示文档的相关信息, 如图 1-50 所示。

图 1-50　状态栏

6. 优化工作界面

执行"编辑-首选项-常规"命令或按"Ctrl+K"组合键, 打开"首选项"对话框, 用户可以根据自己的喜好进行设置, 如图 1-51 所示。

"常规"选项卡用于设置重要的环境命令, 用户可以设置拾色器的风格; 图像插值的数学处理方法; 常规的选项; 历史记录是否保存和保存位置等。

"界面"选项卡主要设置界面上屏幕、菜单、工具的显示方式; 面板和文档的显示; 界面上文本的显示, 如图 1-52 所示。其他选项卡如图 1-53～图 1-60 所示。

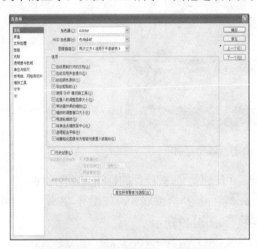

图 1-51　"常规"选项卡

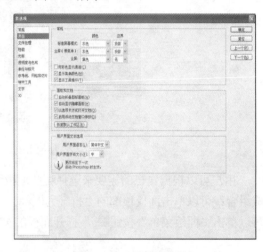

图 1-52　"界面"选项卡

图 1-53　"文件处理"选项卡

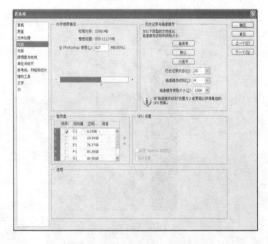

图 1-54　"性能"选项卡

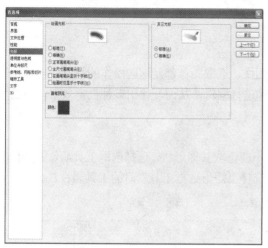

图 1-55　"光标"选项卡

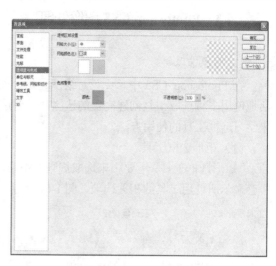

图 1-56　"透明度与色域"选项卡

图 1-57　"单位与标尺"选项卡

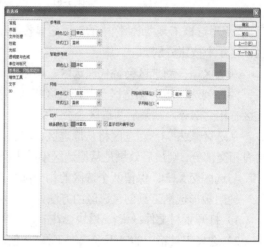

图 1-58　"参考线、网格和切片"选项卡

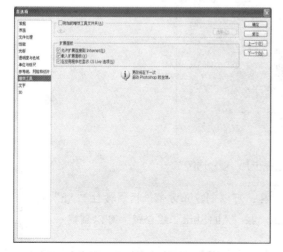

图 1-59　"增效工具"选项卡

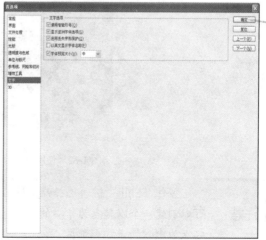

图 1-60　"文字"选项卡

1.4.3　Photoshop CS5 图像处理

1．图像选取

在 Photoshop CS5 中，无论是绘图还是处理图像，选取图像都是这些操作的基础。可以灵活地使用多种选取工具创建完美的选区，并对选区进行编辑，从而变化出多种视觉效果，下面来学习选框工具的使用方法。

（1）矩形选框工具

"矩形选框工具"主要用来选取规则的矩形，不能选取其他形状。选择选框工具后，属性栏中会显示所使用工具的相关选项，图 1-61 所示为选择"矩形选框工具"时的工具属性栏。

图 1-61　"矩形选框工具"属性栏

"矩形选框工具"属性栏中的选区运算按钮用于创建由两个以上基本选区组合构成的复杂选区。这 4 个按钮分别如下。

新选区■：新选区会替代原选区，相当于取消后重新选取。

添加到选区■：新选区会与原选区相加，若两个选区不相交，则最后分别独立存在；若两选区有相交部分，则最后两选区会合并成一个大的选区。

从选区减去■：新选区将从原选区中减去。若两个选区不相交，则没有任何效果；若两选区有相交部分，则最后效果是从原选区中减去两者相交的区域。要注意新选区不能大于原选区。

与选区交叉■：保留两个选区的相交部分，若没有相交部分，则会打开警告框。

使用矩形选框工具创建选区的方法如下。

1）打开素材文件：素材\模块 2\花.jpg 文件。

2）选择工具箱中的"矩形选框工具"，创建矩形选区，如图 1-62 所示。

图 1-62　使用"矩形选框工具"创建选区

注意：　　　按住"Shift"键再选择矩形选框工具，可以创建正方形选区。按住"Alt"键，可以创建一个以起点为中心的矩形选区。按"Alt+Shift"组合键，可以创建一个以起点为中心的正方形选区。

（2）椭圆选框工具

"椭圆选框工具"主要用来创建椭圆或圆形选区。"椭圆选框工具"与"矩形选框工具"的参数设置基本一致。下面使用"椭圆选框工具"来创建一个选区。

使用椭圆选框工具创建选区的方法如下。

1）打开素材文件：素材\模块 2\圣诞快乐.jpg 文件。

2）选择工具箱中的"椭圆选框工具"，按住"Alt+Shift"组合键，创建以起点为中心的正圆选区。

3）将圆形填充为黄色，按"Ctrl+D"组合键取消选区，如图 1-63 所示。

图 1-63　使用"椭圆选框工具"创建选区

注意：　　按住"Shift"键再选择椭圆选框工具，可以创建圆形选区。按住"Alt"键，可以创建一个以起点为中心的椭圆形选区。按"Alt+Shift"组合键，可以创建一个以起点为中心的圆形选区。

（3）套索工具

"套索工具"可以创建形状随意的曲线选区。具体使用时，先在图像中单击确定一个起点，然后按住鼠标左键随意拖动或沿所需形状边缘拖动，若拖动到起点后释放鼠标左键，则会形成一个封闭的选区；若未回到起点就释放鼠标左键，则起点和终点间会自动以直线相连。

由于比较难以控制鼠标走向，一般"套索工具"适用于创建一些精确性要求不高的选区或者随意区域。

使用套索工具创建选区的方法如下。

1）打开素材文件：素材\模块 2\羽毛之心.jpg 文件。

2）选择工具箱中的"套索工具"，按住鼠标左键创建选区，如图 1-64 所示。

（4）多边形套索工具

"多边形套索工具"的原理是使用折线作为选区局部的边界，由鼠标连续单击生成的折线段连接起来形成一个多边形的选区。具体使用时，先在图像上单击确定多边形选区的起点，移动鼠标指针时会有一条直线跟随着鼠标指针，沿着要选择形状的边缘到达合适的位置单击可创建一个转折点。按照同样的方法，沿着选区边缘移动并依次创建各个转折点，最终回到起点后单击完成选区的创建。若不回到起点，在任意位置双击也会自动在起点和终点间生成一条连线作

图 1-64　使用"套索工具"创建选区

为多边形选区的最后一条边。

　　"多边形套索工具"相比"套索工具"来说能更好地控制鼠标指针走向，所以创建的选区更为精确，一般适用于绘制形状边缘为直线的选区。

　　使用多边形套索工具创建选区的方法如下。

　　1）打开素材文件：素材\模块 2\瓷砖.jpg 文件。

　　2）选择工具箱中的"多边形套索工具"，按住鼠标左键创建选区，如图 1-65 所示。

图 1-65　使用"多边形套索工具"创建选区

　　（5）磁性套索工具

　　"磁性套索工具"根据颜色像素自动查找边缘来生成与选择对象最为接近的选区，一般适用于选择与背景反差较大且边缘复杂的对象。具体使用方法与"套索工具"类似，先单击确定一个起点，然后鼠标指针沿着对象边缘移动时会根据颜色范围自动绘制边界。当在选取过程中，局部对比度较低难以精确绘制时，也可以人为地单击添加紧固点，按"Delete"键将会删除当前取样点，最后移动到起点位置单击，即可完成图像的选取。

　　选择"磁性套索工具"后，属性栏中会显示"磁性套索工具"选项，如图 1-66 所示。

图 1-66　"磁性套索工具"属性栏

　　1）宽度：取值为 1～256（像素），默认值为 10，用于指定检测到的边缘宽度，数值越小，选择的图像越精确。

　　2）对比度：取值为 1%～100%，用于设置检测图像边缘的灵敏度。如果选取的图像与周围图像间的颜色对比度较大，则应设置一个较高的数值。反之，取较低的数值。

　　3）频率：取值为 0～100，默认值为 57，用于设置生成紧固点的数量。数值越大，紧固点越多，选区的精确度越高，在选取边缘较复杂的图像时应设置较大的频率。

　　使用磁性套索工具创建选区的方法如下。

　　1）打开素材文件：素材\模块 2\人.jpg 文件。

　　2）选择工具箱中的"磁性套索工具"，按住鼠标左键创建选区，如图 1-67 所示。

图 1-67　使用"磁性套索工具"创建选区

注意： 　　　在使用磁性套索工具时，按"Alt"键可切换至"套索工具"或"多边形套索工具"。

（6）魔棒工具

"魔棒工具"可以一次性选择与取样点相同的颜色像素。它的操作方法较为简单，只要在所需选择图像的颜色区域中任意单击，即可将所有与采样点相近的像素区域包含在内。

选择"魔棒工具"后，属性栏中会显示相关的工具选项，如图 1-68 所示。

图 1-68　"魔棒工具"属性栏

1）容差：取值为 0～255（像素），用于控制选取的范围。若取值较低，则只选择与取样点像素非常相似的几种颜色，选择范围较小，但精确度较高；若取值较高，则会选择范围更广的颜色区域，但选择的精确度会降低。

2）消除锯齿：使选区的边缘更为平滑。

3）连续：勾选此复选框将只选择与鼠标指针落点颜色相近并相连的区域。反之，将会选择整个图像中所有颜色相近的部分。

4）对所有图层取样：勾选此复选框将选中所有可见图层中的与取样点颜色相近的区域。反之，将只从当前选定图层中选择颜色区域。

使用魔棒工具创建选区的方法如下。

1）打开素材文件：素材\模块 2\羊.jpg 文件。

2）选择工具箱中的"魔棒工具"，按住鼠标左键创建选区，如图 1-69 所示。

图1-69　使用"魔棒工具"创建选区

（7）快速选择工具

"快速选择工具"功能非常强大，给用户提供了快速"绘制"优质选区的方法。"快速选择工具"的使用方法类似于"画笔工具"，设置好工具属性后，在要选择的图像区域上拖动鼠标，选区会随之扩展并自动查找和跟随图像中定义的边缘。

选择"快速选择工具"后，属性栏中会显示相关的工具选项，如图1-70所示。

图1-70　"快速选择工具"属性栏

1）新选区：在未选择任何选区的情况下的默认选项。创建初始选区后，此选项将自动更改为"添加到选区"。

2）添加到选区：新绘制的区域将被包含到已有的选区中。

3）从选区减去：从已有选区中减去另外拖过的区域。

4）画笔：单击画笔旁边的下拉按钮，可以设置画笔选项，方法同"画笔工具"的使用。若选取离边缘较远或较大的区域，则可以将画笔直径设置的大一些；若要选取图像的边缘或较小的区域，则应将画笔直径设置的小一些，尽量避免选择到不需要的区域。

5）对所有图层取样：若勾选该复选框，则基于所有图层创建选区；反之，基于当前选定图层创建选区。

6）自动增强：勾选该复选框会自动将选区向图像边缘进一步流动并应用一些边缘调整，减少选区边界的粗糙度和锯齿，选区边缘的效果也可以在"调整边缘"对话框中进行精细调整。

使用快速选择工具创建选区的方法如下。

1）打开素材文件：素材\模块2\蟹.jpg 文件。

2）选择工具箱中的"快速选择工具"，按住鼠标左键创建选区，如图1-71 所示。

图 1-71　使用"快速选择工具"创建选区

（8）使用选择命令选择选区

除了使用工具选择对象以外，在"选择"菜单中也包含了选择对象的命令。

1）执行"选择-全部"命令，可对图像进行全部选取，如图 1-72 所示。

图 1-72　选择全部图像的效果

2）执行"选择-反向"命令，可对选区进行反向选取，如图 1-73 所示。

（a）原选区　　　　　　　　　　　（b）反向选区

图 1-73　原选区与执行反向后的选区

3）执行"选择-变换选区"命令，可对选区进行各种变形操作，如图 1-74 所示。

（a）原选区　　　　　　　　　　　　　　　　　　（b）变换选区

图 1-74　原选区与变换选区

按"Alt"键，可以以中心点对称缩放选区。按"Shift+Ctrl"组合键，同时拖动边框线或边框上的小方块，可以使选区变换为平行四边形。按住"Shift+Ctrl+Alt"组合键，同时拖动边框线或边框上的小方块，可以使选区对称扭曲变形。

4）执行"选择-在快速蒙版模式下编辑"命令，可使用画笔或橡皮擦工具增加或减少蒙版区域，如图 1-75 所示。编辑完蒙版区域后，单击工具箱中的"以标准模式编辑"按钮即可查看选区，如图 1-76 所示。

（a）原蒙版区域　　　　（b）使用"画笔工具"增加蒙版区域　　　（c）使用"橡皮擦工具"减少蒙版区域

图 1-75　使用快速蒙版创建选区

（a）原选区　　　　　　（b）使用"画笔工具"后的选区　　　（c）使用"橡皮擦工具"后的选区

图 1-76　使用"快速蒙版"创建选区的最后效果

5）执行"选择-扩大选取"命令，可以将现有选区扩大，把相邻且颜色相近的区域添加到选择区域内，颜色相近程度由"魔棒工具"的容差值决定。

　　6）执行"选择-选取相似"命令的作用和执行"扩大选取"命令相似，但它所扩大的范围不仅仅局限于相邻的区域，还可以将整个图像中不连续但颜色相近的像素区域扩充到选区内，如图 1-77 所示。

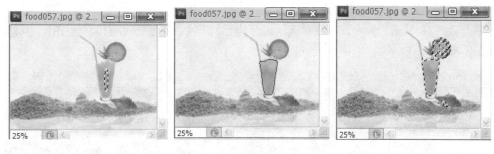

|　　（a）原始图片　　　　　　　　（b）扩大选取　　　　　　　　（c）选取相似

图 1-77　执行扩大选取与选取相似后的选区效果

　　（9）使用色彩范围命令选择选区

　　执行"选择-色彩范围"命令，将按指定的颜色或颜色子集来确定选择区域，打开的"色彩范围"对话框如图 1-78 所示，最终效果如图 1-79 所示。

图 1-78　"色彩范围"对话框　　　　　　　　　　　图 1-79　最终效果

　　1）选择：有取样颜色、标准色（红色、黄色、绿色、青色、蓝色、洋红）、亮度（高光、中间调、阴影）和溢色等几种选择。溢色是无法使用印刷色打印的 RGB 或 Lab 颜色。注意，如果选择了一种颜色，但图像中并没有包含高饱和度的这种颜色，则会打开"任何像素都不大于 50%选择。选区边将不可见"的警告对话框。

　　2）颜色容差：可以通过拖动"颜色容差"滑块或直接输入数值，来设置颜色的选取范围，数值越小所选择的颜色范围就较小，数值越大所选择的颜色范围就越大。

　　3）选择范围：选中该单选按钮，在图像预览框中只显示被选中的颜色范围。

　　4）图像：选中该单选按钮，在图像预览框中将显示整幅图像。

　　5）选区预览：设置图像窗口的预览模式。这里有 5 种选择。

6）标准吸管：创建新的颜色选区时单击此按钮。

7）加色吸管：向已有选区中添加颜色区域时单击此按钮。

8）减色吸管：向已有选区中删除颜色区域时单击此按钮。

9）反相：选择与原选定区域的相反区域。

（10）使用修改命令调整选区

执行"选择-修改"命令，可以对选区进行边界、平滑、扩展、收缩和羽化操作。其修改效果如图 1-80 所示。

     （a）原选区   （b）执行"扩展"后的选区   （c）执行"收缩"后的选区

图 1-80   使用修改命令调整选区

2. 图像绘制与修饰

Photoshop CS5 拥有丰富的绘画资源，使用多种填色模式和多样的滤镜功能可以绘制出效果逼真的图像。

（1）画笔工具

1）画笔工具：选择工具箱中的"画笔工具"后，其工具属性栏、"新建画笔预设"快捷菜单及画笔面板如图 1-81 所示。

"画笔工具"用于绘制线条或修饰图像，还可以模拟毛笔、水彩笔在图像或选区中进行绘制。选中"画笔工具"后，再指定一种前景色，移动鼠标指针在图像中直接画即可。

在工具属性栏中单击"画笔预设选取器"按钮，可以设置画笔的笔尖形状、画笔主直径和硬度。其中，画笔笔尖形状中提供了许多不同形状的画笔笔尖，可以根据需要用它创造出不同风格的线条及形状，所以应根据绘制的实际情况合理选择笔尖。画笔大小可用于绘制不同的线条。

在工具属性栏中单击"切换画笔面板"按钮，即可打开"画笔"面板，"画笔"面板的左侧主要用来设置笔刷属性，右侧用来设置笔刷参数，下方是笔头预览区域。下面来看一下如何使用画笔工具绘图，具体操作方法如下。

① 打开素材文件：素材\模块 2\设置画笔形状动态.jpg 文件。

② 选择工具箱中的"画笔工具"并设置工具属性栏，在属性栏中设置画笔大小和形状，设置模式为"颜色加深"，流量为 60%，设置前景为 R64、G82、B0，如图 1-82 所示。

③ 在"画笔"面板中勾选"形状动态"复选框，在面板中设置参数，如图 1-83 所示。

④ 在画面中涂抹，效果如图 1-84 所示。

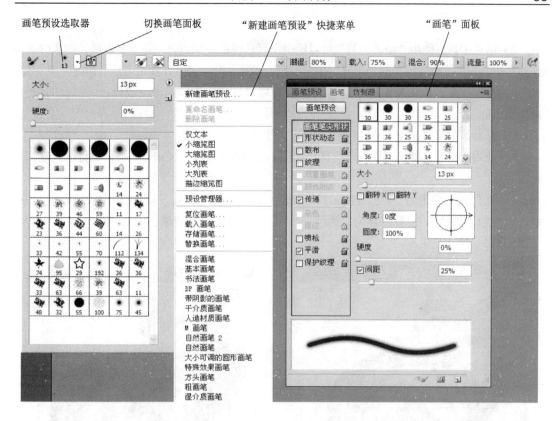

图 1-81　"画笔工具"属性栏、"画笔"面板及"新建画笔预设"快捷菜单

图 1-82　"画笔工具"属性栏

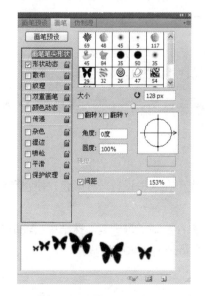

图 1-83　设置"形状动态"

图 1-84　画笔绘制效果

2）铅笔工具：使用"铅笔工具"可以绘制出硬边缘的效果，特别是绘制斜线、锯齿时效果会非常明显，并且所有定义的外形光滑的笔刷也会被锯齿化。其具体使用方法与画笔工具相似。

3）颜色替换工具：使用"颜色替换工具"可以将图像中的颜色改变成自己所需要的颜色，具体操作如下。

① 打开素材文件：素材\模块 2\水果.jpg 文件。

② 使用"快速选择工具"绘制选区，如图 1-85 所示，并按"Ctrl+J"组合键将选区复制为新图层。

③ 选择工具箱中的"颜色替换工具"在选区上进行涂抹即可。在属性栏中设置画笔大小，设置模式为"颜色"，设置取样为"连续"，容差为 30%，设置前景色为 R237、G143、B39，如图 1-86 所示。

图 1-85　绘制选区　　　　　　　　　图 1-86　使用"颜色替换工具"的效果

4）混合器画笔工具："混合器画笔工具"可使不懂绘画的人轻易画出漂亮的画面。如果是美术专业的用户使用，更是如虎添翼。混合器画笔工具属性栏如图 1-87 所示。

图 1-87　"混合器画笔工具"属性栏

工具属性栏中新增按钮功能如下。

① 当前画笔载入 ▮▮ ▾：可重新载入或者清除画笔，也可在这里设置一种颜色，使它和用户涂抹的颜色运行混合。

② 每次描边后载入画笔 🖌 和每次描边后清理画笔 🖌：控制了每一笔涂抹结束后，是否对画笔进行更新和清理。类似于画家在绘画时一笔过后是否将画笔在水中清洗。

③ 潮湿：设置从画布拾取的油彩量。

④ 载入：设置画笔上的油彩量。

⑤ 混合：设置颜色混合的比例。

⑥ 流量：这是前面其他画笔常见的设置，可设置描边的流动速率。

⑦ 喷枪模式：当画笔在某一固定的位置一直描绘时，画笔会像喷枪那样一直喷出油彩。如果不启用这个模式，则画笔只描绘一下就停止流出油彩。

⑧ 对所有图层取样：无论本文件有多少图层，将它们作为一个单独的合并图层看待。

⑨ 绘图板压力：当用户选择普通画笔时，它可被选择。此时用户可用绘图板来控制画笔的压力。

（2）历史画笔工具

本节学习历史画笔的基本操作，主要包括历史记录画笔工具和历史记录艺术画笔工具两种。

1）历史记录画笔工具：使用"历史记录画笔工具"可以结合历史记录对图像的处理状态进行局部恢复，其具体操作步骤如下。

① 打开素材文件：素材\模块 2\狗.jpg 文件。

② 执行"图像-调整-黑白"命令，将图像调整为黑白色。

③ 执行"窗口-历史记录"命令，在打开的历史记录面板中单击"黑白"历史记录，以设置历史记录的源图标所在的位置，将其作为历史记录画笔的源图像，如图 1-88 所示。

　　（a）原始图片　　　　　　　（b）使用后的图片　　　　　　（c）"历史记录"图片

图 1-88　原始图片、使用历史记录画笔后的图片及"历史记录"面板

2）历史记录艺术画笔工具：使用指定的历史记录状态或快照中的源数据，以风格化描边进行绘画，其具体操作步骤如下。

① 打开素材文件：素材\模块 2\双狗.jpg 文件。

② 单击"图层"面板中的"创建新图层"按钮，新建"图层 1"图层。

③ 设置前景色为灰色，按"Alt+Delete"组合键填充图层 1 的前景色。

④ 选择"历史记录艺术画笔"工具，并在打开的"历史记录"面板中的"打开" 步骤前面单击，指定图像被恢复的位置，如图 1-89 所示。

⑤ 将鼠标指针移到画布中并单击，并拖动鼠标进行图像的恢复，创建类似粉笔画的效果。

（a）原始图片   （b）图片效果

图 1-89 原始图片及使用"历史记录艺术画笔后"的图片

（3）图章工具

图章工具包括"仿制图章工具"和"图案图章工具"两种。它们的基本功能都是复制图像，但复制的方式不同。

1）仿制图章工具："仿制图章工具"将图像的一部分绘制到同一图像的另一部分或绘制到具有相同颜色模式的任何打开的文档的另一部分。也可以将一个图层的一部分绘制到另一个图层。"仿制图章工具"对于复制对象或移去图像中的缺陷很有用。"仿制图章工具"属性栏如图 1-90 所示。

图 1-90 "仿制图章工具"属性栏

① 对齐：勾选此复选框，则连续对像素进行取样，即使释放鼠标左键，也不丢失当前取样点。如果取消勾选"对齐"复选框，则会在每次停止并重新开始绘制时使用初始取样点中的样本像素。

② 样本：从指定的图层中进行数据取样。要从现用图层及其下方的可见图层中取样，可选择"当前和下方图层"；要仅从现用图层取样，可选择"当前图层"；要从所有可见图层中取样，可选择"所有图层"；要从调整图层以外的所有可见图层中取样，可选择"所有图层"，然后单击"样本"下拉列表右侧的"忽略调整图层"图标。可通过将指针放置在任意打开的图像中，然后按住"Alt"键并单击来设置取样点。

仿制图章工具的具体操作步骤如下。

① 打开素材文件：素材\模块 2\仿制图章工具.jpg 文件。

② 单击工具箱中的"仿制图章工具"并适当设置其工具属性栏。

③ 按住"Alt"键的同时单击稻穗，确定复制的参考点，拖动鼠标，效果如图 1-91 所示。

（a）原始图片   （b）图片效果

图 1-91 原始图片及使用"仿制图章工具"后的图片

2）图案图章工具："图案图章工具"可使用图案进行绘画。可以从图案库中选择图案或者自己创建图案。"图案图章工具"属性栏如图 1-92 所示。

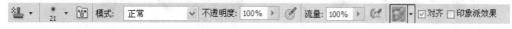

图 1-92　"图案图章工具"属性栏

图案图章工具的具体操作步骤如下。

① 打开素材文件：素材\模块 2\图案图章工具.jpg 文件。

② 使用工具箱中的"图案图章工具"，设置模式为"实色混合"，选择所需的图案类型并勾选"印象派效果"复选框。

③ 在图像中单击添加图案，效果如图 1-93 所示。

（a）原始图片　　　　　　　　　　　　　　（b）图片效果

图 1-93　原始图片及使用"图案图章工具"后的图片

（4）修复工具

"修复工具"可用于校正图像中的瑕疵，不仅可以去除瑕疵，还可以通过自动调整项目使图像看起来更自然。

1）修复画笔工具："修复画笔工具"可用于校正瑕疵，使它们消失在周围的图像中。与"仿制图章工具"一样，使用"修复画笔工具"可以利用图像或图案中的样本像素来绘画。但是，"修复画笔工具"还可将样本像素的纹理、光照、透明度和阴影与所修复的像素进行匹配，从而使修复后的像素不留痕迹地融入图像的其余部分。"修复画笔工具"属性栏如图 1-94 所示。

图 1-94　"修复画笔工具"属性栏

修复画笔工具的具体操作步骤如下。

① 打开素材文件：素材\模块 2\美女.jpg 文件。

② 使用工具箱中的"修复画笔工具"，按住"Alt"键拾取样本点，单击人物脸部的图案将其去除，效果如图 1-95 所示。

（a）原始图片　　　　　　　　　　　　　　（b）图片效果

图 1-95　原始图片及使用"修复画笔工具"后的图片

2）污点修复画笔工具："污点修复画笔工具"可以快速移去照片中的污点和其他不理想部分。"污点修复画笔工具"的工作方式与"修复画笔工具"类似，它使用图像或图案中的样本像素进行绘画，并将样本像素的纹理、光照、透明度和阴影与所修复的像素相匹配。与"修复画笔工具"不同，"污点修复画笔工具"不要求指定样本点，污点修复画笔将自动从所修复区域的周围取样。"污点修复画笔工具"属性栏如图 1-96 所示。

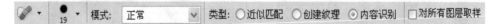

图 1-96　"污点修复画笔工具"属性栏

污点修复画笔工具的具体操作步骤如下。

① 打开素材文件：素材\模块 2\去除照片上的墨迹.jpg 文件。

② 使用工具箱中的"污点修复画笔工具"，在需要修复的地方进行涂抹即可，效果如图 1-97 所示。

（a）原始图片　　　　　　　　　　　　　　（b）图片效果

图 1-97　原始图片及使用"污点修复画笔工具"后的图片

3）修补工具：通过使用"修补工具"，可以用其他区域或图案中的像素来修复选中的区域。像"修复画笔工具"一样，"修补工具"会将样本像素的纹理、光照和阴影与源像素进行匹配，还可以使用"修补工具"来仿制图像的隔离区域。"修补工具"属性栏如图 1-98 所示。

图 1-98　"修补工具"属性栏

修补工具的具体操作步骤如下。

① 打开素材文件：素材\模块 2\修补工具.jpg 文件。

② 使用工具箱中的"修补工具"，沿着人物脸部伤疤边缘创建选区，并将选区拖动到上肤完好处，释放鼠标左键即可，效果如图 1-99 所示。

　　（a）原始图片　　　　　　　　　　　　　（b）图片效果

图 1-99　原始图片及使用"修补工具"后的图片

4）红眼工具："红眼工具"可移去用闪光灯拍摄的人像或动物照片中的红眼，也可以移去用闪光灯拍摄的动物照片中的白色或绿色反光。"红眼工具"属性栏如图 1-100 所示。

图 1-100　"红眼工具"属性栏

红眼工具的具体操作步骤如下。

① 打开素材文件：素材\模块 2\医治红眼病.jpg 文件。

② 使用工具箱中的"红眼工具"，在小狗的双眼处单击，释放鼠标左键即可，效果如图 1-101 所示。

　　（a）原始图片　　　　　　　　　　　　　（b）图片效果

图 1-101　原始图片及使用"红眼工具"后的图片

（5）模糊工具

该组工具主要用于对图像的细节进行修饰，进行像素之间的对比，以使主题鲜明。

1）模糊工具："模糊工具"可柔化硬边缘或减少图像中的细节。使用此工具在某个区域上方绘制的次数越多，该区域就越模糊。"模糊工具"属性栏如图 1-102 所示。

图 1-102　　"模糊工具"属性栏

2）锐化工具："锐化工具"用于增加边缘的对比度以增强外观上的锐化程度。用此工具在某个区域上方绘制的次数越多，增强的锐化效果就越明显。"锐化工具"属性栏如图 1-103 所示。

图 1-103　　"锐化工具"属性栏

3）涂抹工具："涂抹工具"模拟将手指拖过湿油漆时所看到的效果。该工具可拾取描边开始位置的颜色，并沿拖动的方向展开这种颜色。"涂抹工具"属性栏如图 1-104 所示。以上 3 种工具的效果如图 1-105 所示。

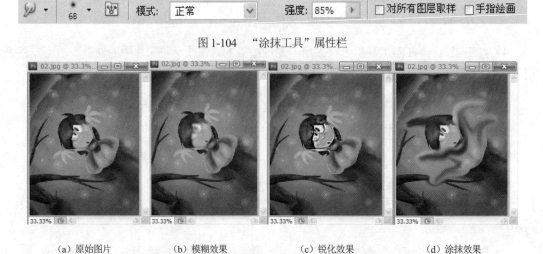

图 1-104　　"涂抹工具"属性栏

　　（a）原始图片　　　　　　（b）模糊效果　　　　　　（c）锐化效果　　　　　　（d）涂抹效果

图 1-105　　原始图片和使用模糊、锐化及涂抹工具后的图片

（6）减淡工具

"减淡工具"和"加深工具"相当于摄影师调节光度，而"海绵工具"可以精确地更改区域的色彩饱和度。

1）减淡工具和加深工具："减淡工具"和"加深工具"基于调节照片特定区域的曝光度的传统摄影技术，可使图像区域变亮或变暗。摄影师可遮挡光线以使照片中的某个区域变亮（减淡），或增加曝光度以使照片中的某些区域变暗（加深）。用"减淡工具"或"加深工具"在某个区域上方绘制的次数越多，该区域就会变得越亮或越暗。

2）海绵工具："海绵工具"可精确地更改区域的色彩饱和度。当图像处于灰度模式时，该工具通过使灰阶远离或靠近中间灰色来增加或降低对比度。

3. 图像擦除

在绘制图像时，有些多余的部分可以通过擦除工具来将其擦除。使用擦除工具还可以操作一些图像的选择和拼合。

（1）橡皮擦工具

"橡皮擦工具"可将像素更改为背景色或透明。如果正在背景中或已锁定透明度的图层中工作，则像素将更改为背景色，如图 1-106 所示；否则，像素将被更改为透明，如图 1-107 所示。

图 1-106　在背景上擦除效果

图 1-107　在普通图层上擦除效果

（2）背景橡皮擦工具

"背景橡皮擦工具"可在拖动时将图层上的像素更改为透明，如图 1-108 所示。选中工具属性栏中的"保护前景色" 保护前景色 复选框，可以在抹除背景的同时，在前景中保留对象的边缘，如图 1-109 所示。通过指定不同的取样和容差选项，可以控制透明度的范围和边界的锐化程度。

图 1-108　未勾选"保护前景色"复选框时的擦除效果　　图 1-109　勾选"保护前景色"复选框时的擦除效果

（3）魔术橡皮擦工具

用"魔术橡皮擦工具"在图层中单击时，该工具会将所有相似的像素更改为透明。如果在

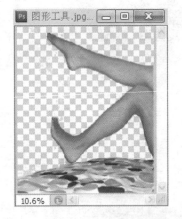

已锁定透明度的图层中工作，则这些像素将更改为背景色。如果在背景中单击，则将背景转换为图层并将所有相似的像素更改为透明，如图 1-110 所示。

4．图像填充

可以使用颜色或图案填充选区、路径或图层内部，此操作称之为填充。可以使用简单的方法直接填入颜色，也可以根据需要制作渐变的效果，使画面更为丰富多彩。

（1）渐变工具

"渐变工具"可以创建多种颜色间的逐渐混合。可以从预设渐变填充中选取或创建自己的渐变。　"渐变工具"属性栏如图 1-111 所示。

图 1-110　"魔术橡皮擦工具"擦除效果

图 1-111　"渐变工具"属性栏

1）渐变编辑器：单击"点按可编辑渐变" ▨▨▨ ⊩按钮可打开"渐变编辑器"对话框，通过修改现有渐变的拷贝来定义新渐变。还可以向渐变添加中间色，在两种以上的颜色间创建混合，如图 1-112 所示。

2）渐变类型的选择：设置好渐变后，需要通过工具选项栏选择渐变类型。

① 线性渐变▨：以直线从起点渐变到终点。

② 径向渐变▨：以圆形图案从起点渐变到终点。

③ 角度渐变▨：围绕起点以逆时针扫描方式渐变。

④ 对称渐变▨：使用均衡的线性渐变在起点的任一侧渐变。

⑤ 菱形渐变▨：以菱形方式从起点向外渐变，终点定义为菱形的一个角。

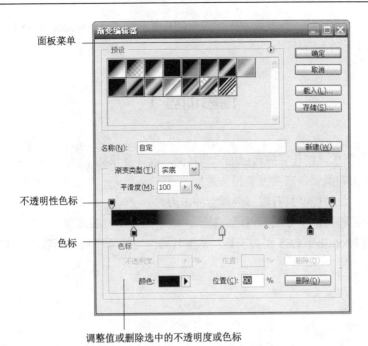

图 1-112　"渐变编辑器"对话框

（2）油漆桶工具

"油漆桶工具"可以在图像中填充前景色或图案。如果创建了选区，则填充的区域为所选区域；如果没有创建选区，则填充与鼠标单击处相近的区域。使用"油漆桶工具"的填充效果如图 1-113 所示。

（a）原始图片　　　　　　　（b）图片效果

图 1-113　原始图片及使用"油漆桶工具"后的图片

小　结

本项目主要通过大学生求职封面设计及音像教材封面设计，使读者更好地掌握书箱装帧知识，熟悉 Photoshop CS5 的工作界面，灵活地运用选择工具、油漆桶工具、渐变工具等完成作品的创作。通过本项目设计，激发读者的学习兴趣，使其掌握 Photoshop CS5 的操作技巧，为今后更好的学习打下坚实的基础。

课后训练 1

学生根据就业需求，创作完成自己的求职封面。设计要求如下。

① 根据就业招聘需要，自主搜集相关素材。

② 要求色彩、色调能够具有较强的视觉冲击力。

③ 能够根据招聘岗位充分展示自己的特长，吸引用人单位的眼球。

④ 熟练使用 Photoshop CS5 相关工具，掌握其操作的技巧和重要环节，完成创作。

项目 2　海报制作

海报是以图形、文字、色彩等诸多视觉元素为表现手段，迅速直观地传递政策、商业、文化等各类信息的一种视觉传媒，是"瞬间"的速看广告和街头艺术，所应用的范围主要是户外的公共场所，这一性质决定了海报必须要有大尺寸的画面，用通俗易懂的图形和文字，鲜明的视觉形象、引人注目的文案来吸引人的关注，从而达到传递信息的目的，使观看到的人能迅速准确地理解其意图。除了画面大和强烈的视觉冲击力之外，现代海报还必须跟上时代的发展，符合现代人的审美心理，贴近现代人的生活，具有独特的创意和较高的艺术性。

重点提示：
- ➥　海报设计设计与制作
- ➥　图像色彩色、调处理
- ➥　文字的应用

任务 1　城市宣传海报制作

2.1.1　主题说明

海报具有强劲的号召力和艺术感染力，它调动形象、色彩、构图、形式感等因素形成强烈的视觉冲击。它的画面有较强的视觉中心，力求新颖、单纯，还必须具有独特的艺术风格和设计特点。一个城市的形象除了硬件建设外，应更加注重城市地方文化宣传，海报就是城市建设和地方文化宣传的有效途径，同时，也是地方文化的风景线，因此，海报艺术在城市现代化建设中的宣传意义是非同一般的。

2.1.2　实施操作

1）执行"文件-新建"命令，新建背景文件（860 像素×1200 像素、分辨率为 72、RGB模式），打开如图 2-1 所示的对话框。

2）使用"渐变工具"，打开"渐变编辑器"对话框，设置橙（R176、G125、B7）到黑色的渐变。选择工具属性栏中的"径向渐变"属性，然后在图像中下方位置单击并垂直向上拖动，如图 2-2 所示。

3）打开 1.jpg 文件，使用"钢笔工具"选取建筑物，按"Ctrl+Enter"组合键生成选区。使用"移动工具"，将选区图像拖动到新建文件中并调整其大小，如图 2-3 所示。

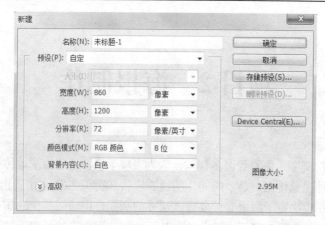

图 2-1　新建文件

图 2-2　径向填充效果

图 2-3　合成图像

4）为"图层 1"添加图层蒙版，按"Ctrl"键的同时单击"图层 1"，载入该图层为选区，使用工具箱中的"渐变工具"，选择"黑白色"渐变从下向上拖动，隐藏下方的建筑，如图 2-4 所示。

图 2-4　图层蒙版及渐变效果

5）新建"图层 2"并将其调整到"图层 1"的下方，然后为选区填充黑色，如图 2-5 所示。

图 2-5　图层填充黑色效果

　　6）载入"图层 1"图像为选区，选择"图层 1"，单击"图层"面板下方的"创建新的填充和调整图层"按钮，执行"色阶"命令，进行如图 2-6 所示的设置，设置完色阶参数后，图像被增加了暗调。

图 2-6　执行"色阶"命令的效果

　　7）再次载入"图层 1"图像为选区，单击"图层"面板下方的"创建新的填充和调整图层"按钮，执行"色相-饱和度"命令，勾选"着色"复选框。可以看到选区内建筑物被改为橙色调，如图 2-7 所示。

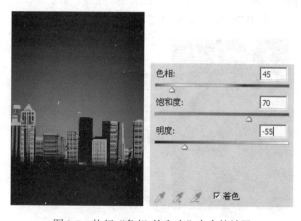

图 2-7　执行"色相-饱和度"命令的效果

8）单击"图层"面板底部的"创建新图层"按钮，新建图层，使用"矩形选框工具"绘制一个矩形选区，填充黄色（R179、G144、B27），取消选区，按"Ctrl+T"组合键对图像进行旋转变换，如图 2-8 所示。

9）为黄色矩形条添加图层蒙版，使用"黑白色"渐变工具，在矩形条上拖动，遮盖部分选区。编辑蒙版后，设置图层混合模式为"滤色"，然后移动到"图层 1"下方，并适当调整其位置，如图 2-9 所示。

图 2-8　创建黄色矩形条　　　　　　　　　　图 2-9　添加图层蒙版后的效果

10）按住"Alt"键进行复制，多复制几次，并移动到适当位置，如图 2-10 所示。

图 2-10　复制黄色矩形条

11）选择工具箱中的"横排文字工具"，设置文字颜色为褐色（R72、G50、B14），文字为Arial、100 点，输入文字"LOVECITY"，如图 2-11 所示。

图 2-11　设置文字参数

12）执行"图层-文字-转换为形状"命令（注意不能使用粗体），使用工具箱中的"直接选择工具"，在 L 上方选中两个锚点垂直向上拖动，拉长路径，如图 2-12 所示，将图层混合模式设为"滤色"。

图 2-12　对文字进行拉长操作

13）按"Ctrl+T"组合键，对文字进行放大和移动，并进行 2 次复制，如图 2-13 所示。

14）选择工具箱中的"横排文字工具"，颜色为褐色（R127、G95、B15），文字为 Arial、100 点，输入字母"D"，图层混合模式设置为"滤色"，不透明度设置为"60%"，并按"Ctrl+T"组合键，对文字进行适当旋转，如图 2-14 所示。

图 2-13　对文字进行复制及放大

图 2-14　对字母 D 进行旋转

15）打开 2.jpg 花纹图案，将花纹图案移到字母"D"下方一个，移到图片下方建筑物上 4 个，并对左侧的两个图案执行"编辑-变换-水平翻转"命令，以使左右两个图案对称，将所有花纹图层合并，如图 2-15 所示。

16）选择工具箱中的"横排文字工具"，设置文字颜色为黄色（R254、G226、B51），文字为 Arial、100 点，输入"I LOVE"文字，如图 2-16 所示，执行"编辑-描边"命令进行文字描边，颜色为褐色（R106、G75、B5），图层模式设置为"叠加"，如图 2-17 所示。

17）为花纹图层添加蒙版，然后载入上方文字为选区，并为其填充黑色，如图 2-18 所示。

18）载入"图层 1"中的图像为选区，在最上面创建新图层，使用渐变工具填充，如图 2-19 所示。设置"图层混合模式"为"减去"，不透明度为"55%"，如图 2-20 所示。

19）选择工具箱中的"横排文字工具"，颜色设置为黄色（R254、G226、B51），输入

"LOVECITY"文字，如图 2-21 所示，选择文字层并右击，在弹出的快捷菜单中执行"转换为形状"命令，使用"直接选择工具"对文字进行变形，如图 2-22 所示。

图 2-15　设置花纹效果　　　图 2-16　输入"ILOVE"文字　　　图 2-17　描边效果

图 2-18　文字填充为黑色　　　图 2-19　渐变填充　　　图 2-20　设置图层混合模式

图 2-21　输入文字　　　　　　　　　图 2-22　文字变形

20）选择工具箱中的"直线工具"，粗细设置为"12 像素"，在左侧绘制直线，如图 2-23 所示；使用工具箱中的"矩形工具"绘制两个小矩形，将两个小矩形图层合并，并向下垂直复制 3 个，如图 2-24 所示。

图 2-23　绘制直线　　　　　　　　图 2-24　绘制小矩形

21）使用工具箱中的"文字工具"，继续输入其他文字及数字，如图 2-25 所示。

22）使用工具箱中的"自定义形状工具"拖动出音乐符号，并根据自己的需要适当添加其他自定义形状，如图 2-26 所示。

图 2-25　输入文字及数字　　　　　　图 2-26　绘制自定义形状

2.1.3　总结与点评

海报作品必须鲜明地表达海报主题和思想内涵，即传递的意念必须集中，既简洁又明确，给人以清晰准确的概念。应从新颖而独特的视角切入主题，充分拓展想象思维，从宏观的角度、社会价值角度、个人观念的角度去挖掘新创意。有深度思考力的海报其实来源于设计师对平凡生活的细心感悟，思考着生活带来的观念、价值、审美、创造的哲理性，与观者在情感上引起共鸣，用不同的表现手法揭示海报所蕴涵的深刻哲理，从而给人们以更多的启示。

任务 2　汽车海报制作

2.2.1　主题说明

汽车海报设计，以汽车为主角来整体构图，汽车海报必须有相当的号召力与艺术感染力，要调动形象、色彩、构图、形式感等因素形成强烈的视觉效果。它的画面应有较强的视觉中心，应力求新颖、单纯，还必须具有独特的艺术风格和设计特点。

2.2.2　实施操作

1）执行"文件-新建"命令，新建背景文件（43 厘米×30 厘米、分辨率为 300、背景为白色、模式为 RGB），如图 2-27 所示。

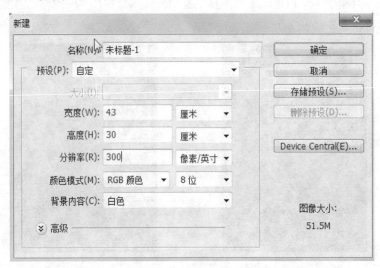

图 2-27　新建文件

2）使用工具箱中的"移动工具"，将"仙岛.jpg"文件拖动到文件窗口中，并适当调整大小，如图 2-28 所示。

3）使用工具箱中的"移动工具"，将"雪山.jpg"拖动到当前窗口中，适当调整大小并移到文件左下角。为该图层添加蒙版，设置前景色为黑色，适当调整画笔大小，在图像上涂抹，使之衔接更加自然，如图 2-29 所示。

图 2-28　移入仙岛图片

图 2-29　为雪山图片添加蒙版

4）打开"车.png"图像并拖动到窗口中，适当调整大小并移至合适位置，单击"图层"面板底部的"添加图层样式"按钮，在弹出的菜单中执行"投影"命令，设置投影大小，如图2-30所示，"图层"面板如图2-31所示，整体效果如图2-32所示。

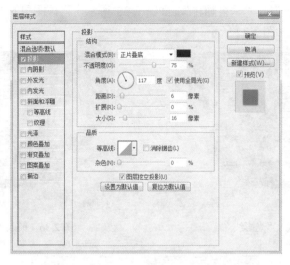

图2-30　"投影"参数设置

图2-31　"图层"面板

图2-32　整体效果

5）将"鹰.png"文件移到文件窗口中并适当调整大小，为该层添加图层蒙版，使用"画笔工具"进行涂抹，如图2-33所示。复制"鹰"图层，执行"编辑-变换-水平翻转"命令，调整图像至合适大小，如图2-34所示。

图2-33　移入"鹰"

图2-34　复制"鹰"

　　6）新建图层，将其命名为"光影线"，使用工具箱中的"移动工具"，将"光影线.png"拖动到窗口中，如图 2-35 所示。

　　7）使用工具箱中的"移动工具"，将"立体线条.png"拖动到窗口中，适当调整大小与角度，并进行"水平翻转"与"垂直翻转"，如图 2-36 所示，将该图层的"图层混合模式"设置为"颜色减淡"，效果如图 2-37 所示。

图 2-35　拖入"光影线"　　　　　　　　　　　图 2-36　拖入"立体线条"

图 2-37　　"立体线条"颜色减淡效果

　　8）使用工具箱中的"横排文字工具"，添加文字"MINI"设置字体大小为"60 点"，设置文本颜色为"黑色"，设置"字体"为"Impact"，如图 2-38 所示，复制图层并设置文字为白色，移动至合适位置，再选择黑色文字层，设置"不透明度"为"47%"，添加"内阴影"样式，如图 2-39 所示。

图 2-38　黑色文字　　　　　　　　　　　　　图 2-39　白色文字

　　9）其他文字及图案根据创作需要适当输入即可，最终效果如图 2-40 所示。

图 2-40　最终效果

2.2.3　总结与点评

商业海报用于更好地推销产品，它不仅会影响消费者的购买欲望，还会影响产品及品牌的生命周期的长短，要充分运用 Photoshop 知识，将海报的创新意识表现出来，这是决定商业海报成功与否的最根本要素。

任务 3　海报制作相关知识

2.3.1　海报的概念

海报又称招贴，是一种在公共场所挂贴的速看广告，是以图形、文字等设计手段来传递信息的视觉平面艺术，国外也称之为"瞬间"的街头艺术。

2.3.2　海报的特点

1. 尺寸大

海报张贴于公共场所，会受到周围环境和各种因素的干扰，所以必须以大画面及突出的形象和色彩展现在人们面前。其画面尺寸有全开、对开、长三开及特大画面（八张全开）等。

2. 远视强

为了使来去匆忙的人们留下视觉印象，除了尺寸大之外，海报设计还要充分体现定位设计的原理。以突出的商标、标志、标题、图形，或对比强烈的色彩，或大面积的空白，或简练的视觉流程，使海报成为视觉焦点。

3．艺术性高

就海报的整体而言，它包括商业海报和非商业海报两大类。其中商业海报的表现形式以具体艺术表现力的摄影、造型写实的绘画或漫画形式表现为主，给消费者留下真实感人的画面和富有幽默情趣的感受。

2.3.3　海报的分类

海报按其应用不同大致可以分为商业海报、文化海报、电影海报、公益海报等。

商业海报：指宣传商品或商业服务的商业广告性海报。商业海报的设计，要恰当地配合产品的格调和受众对象。

文化海报：指各种社会文娱活动及各类展览的宣传海报。展览的种类很多，不同的展览有各自的特点，设计师需要了解展览和活动的内容才能运用恰当的方法来表现其内容和风格。

电影海报：海报的分支，电影海报主要起到了吸引观众注意力、刺激电影票房收入的作用，与戏剧海报、文化海报等有几分类似。

公益海报：带有一定思想性的海报，这类海报具有特定的对公众的教育意义，其海报主题包括各种社会公益、道德的宣传，或政治思想的宣传，弘扬爱心奉献、共同进步的精神等。

2.3.4　海报设计三元素

海报，源于早期人们对于消息或产品的宣传，随着社会的发展、科技的发达，宣传手法也从简单的文字图像发展到现在的电视广告等多种更形象生动的方式，但是海报的宣传力量仍是不容忽视的。下面简单介绍海报设计的基本构成元素。

图案：海报设计的主要构成要素，它能够形象地表现广告主题和广告创意，图案是吸引观者目光的重点，它可以是黑白画、喷绘插画、手绘素描、摄影作品等。其在表现技法上有写实、象征、超现实、卡通漫画、装饰等手法；在设计上需紧紧环绕广告主题，凸显商品信息，以达到宣传的功效。

文字：在海报设计中占有举足轻重的角色，是理性与感性兼具的设计创作，必须对各种信息做视觉性的统一，设计师除了需将海报的各项要素具体化外，还必须做有效的布局来传达信息。

色彩：图案和文字都脱离不了色彩的表现，色彩由色相、明度、纯度3个元素组合而成，色彩在广告中的运用，要表现出广告的主题和创意，必须先分析色彩因素，把握色彩冷暖对比、明暗对比、纯度对比、面积对比、混色调和、面积调和、明度调和、色相调和、倾向调和等。

2.3.5　海报的设计与制作

1．海报制作的六大原则

美国是广告的王国，海报在广告中扮演了重要的角色。美国著名海报设计家倡导的海报制作六大原则如下。

1）单纯：形象和色彩必须简单明了（即简洁性）。

2）统一：海报的造型与色彩必须和谐，要具有统一的协调效果。

3）均衡：整个画面必须要具有魄力感与均衡效果。

4）销售重点：海报的构成要素必须化繁为简，尽量挑选重点来表现。

5）惊奇：海报无论在形式上或内容上都要出奇创新，具有强大的惊奇效果。

6）技能：海报设计需要有高水准的表现技巧，无论绘制或印刷都不可忽视技能性的表现。

2．海报设计的常用方法

（1）直接展示法

这是一种最常见的、运用十分广泛的表现手法。它将某产品或主题直接如实地展示在广告版面上，充分运用了摄影或绘画等技巧的写实表现能力。它细致刻画和着力渲染产品的质感、形态和功能用途，将产品精美的质地引人入胜地呈现出来，给人以逼真的现实感，使消费者对所宣传的产品产生一种亲切感和信任感。

这种手法由于直接将产品推到消费者面前，所以要十分注意画面上产品的组合和展示角度，应着力突出产品的品牌和产品本身最容易打动人心的部位，运用色光和背景进行烘托，使产品置身于一个具有感染力的空间，这样才能增强广告画面的视觉冲击力。

（2）突出特征法

运用各种方式抓住和强调产品或主题本身与众不同的特征，并把它鲜明地表现出来，将这些特征置于广告画面的主要视觉部位或加以烘托处理，使观众在接触言辞画面的瞬间即可很快感受到，对其产生注意和视觉兴趣，达到刺激消费者购买欲望的促销目的。

在广告表现中，这些应着力加以突出和渲染的特征，一般由富于个性的产品形象、与众不同的特殊能力、厂商的企业标志和产品的商标等要素来决定。突出特征的手法也是我们常见的、运用十分普遍的表现手法，是突出广告主题的重要手法之一，有着不可忽略的表现价值。

（3）对比衬托法

对比是一种趋向于对立冲突的艺术美中最突出的表现手法。它把作品中所描绘的事物的性质和特点放在鲜明的对照和直接对比中来表现，借彼显此，互比互衬，从对比所呈现的差别中，达到集中、简洁、曲折变化的表现。通过这种手法更鲜明地强调或提示产品的性能和特点，给消费者以深刻的视觉感受。

作为一种常见的行之有效的表现手法，可以说，一切艺术都受惠于对比表现手法。对比手法的运用，不仅使广告主题加强了表现力度，还使其饱含情趣，扩大了广告作品的感染力。对比手法运用的成功，能使貌似平凡的画面处理隐含着丰富的意味，展示了广告主题表现的不同层次和深度。

（4）合理夸张法

借助想象，对广告作品中所宣传的对象的品质或特性的某个方面进行相当明显的过分夸大，以加深或扩大这些特征的认识。文学家高尔基指出："夸张是创作的基本原则"。通过这种手法能更鲜明地强调或揭示事物的实质，加强作品的艺术效果。

夸张是指一般中求新奇，求变化，通过虚构把对象的特点和个性中美的方面进行夸大，赋予人们一种新奇与变化的情趣。按其表现的特征，夸张可以分为形态夸张和神情夸张两种类型，前者为表象性的处理品，后者则为含蓄性的情态处理品。通过夸张手法的运用，为广告的艺术美注入了浓郁的感情色彩，使产品的特征鲜明、突出、动人。

2.3.6 海报设计赏析

1)《北京 2008 主题海报》设计赏析，如图 2-41 所示。

其奥运五环和中国传统美女发型巧妙地结合起来，充满了激情、活力，升华了奥运精神；承载着凝重的中华文化传统和激越的奥林匹克精神，彰显着先进的审美观念和昂扬的时代激情，使人想从文化与审美的角度，品位她的美，挖掘她的深厚内涵。

2)《食品海报》设计赏析，如图 2-42 所示。

图 2-41　北京 2008 主题海报

图 2-42　食品海报

这幅食品海报，从色彩上看偏向于暖色，整个背景采用了大片的红色，色感强烈，给人一种奔放、外向、热情、躁动的感觉，适时添加了少量的明黄色，使整个画面看上去热情、温暖，具有很强的表现力。

整体上，从版式上看，这张海报以图片为主，添加适量的产品 LOGO，有效地突出了主题，很直接地引起了人们的共鸣。整个画面充满活力、激情，会带动消费者的购买欲望，从而刺激商品的流动输出，达到一定的商业目的，即"广而告之"。

任务 4　Photoshop CS5 相关知识

2.4.1 图像色彩调整

1. 图像颜色模式

在使用 Photoshop CS5 工作之前，了解图形图像颜色模式的相关知识是非常必要的，尤其是初学者，了解并掌握这些知识有助于以后的学习。人们见到的各种不同颜色是物体反射的光线经空气的折射而产生的。通常颜色可以分成两大类：一类是非彩色，即黑、白、灰 3 种；另一类是彩色，即除非彩色之外的所有颜色。根据视觉心理原理，人们又把彩色分成暖色调、冷色调、中性色调 3 个色调。

在 Photoshop CS5 中，可为每个文档选取一种颜色模式。颜色模式决定了用来显示和打印处理图像的颜色方法。通过选择某种特定的颜色模式，可选用某种特定的颜色模型（一种描述颜色的数值方法）。Photoshop 的颜色模式基于颜色模型，而颜色模型对于印刷中使用的图像非常有用。可从以下模式中选取：RGB（红色、绿色、蓝色）模式、CMYK（青色、洋红、黄色、黑色）模式、灰度模式、位图模式、索引模式。Photoshop 还包括用于特殊色彩输出的颜色模式，如索引颜色模式。颜色模式决定了图像中的颜色数量、通道数和文件大小。选取颜色模式操作还决定了可以使用哪些工具和文件格式。

（1）RGB 模式

RGB 模式是使用最广泛的色彩模式之一，该模式是一种加色模式，它通过将红、绿、蓝 3 种颜色相叠加而形成更多的颜色。Photoshop 的 RGB 模式具有 3 个独立的颜色通道，RGB 模式的图像及其通道如图 2-43 所示，每一个通道都有 256（0～225）种颜色的亮度。例如，亮红色的 R 值可能为 246，G 值为 20，而 B 值为 50。当 3 种分量相等时是灰色；当所有的分量的值是 255 时是纯白色；当所有分量的值都为 0 时是黑色。图像每一部分的颜色都由 RGB 3 个颜色通道上的数值决定。在编辑图像时，RGB 模式是最佳的选择，它可以提供全屏幕的、多达 24 位的色彩范围，一些计算机领域的色彩专业称之为真彩显示。

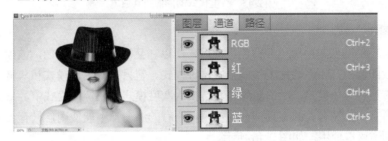

图 2-43 RGB 模式的图像及其通道

（2）CMYK 模式

CMYK 模式下的图像是由青、洋红、黄、黑 4 种颜色构成的，要将显示器上看到的颜色输出到纸张上，需要通过打印机或其他设备。在纸上再现图形颜色最普通的方法是把构成全彩色模式 CMYK 的 4 种基本颜色组合起来，CMYK 模式主要用于彩色印刷。在 Photoshop 中，在 C（青色）、M（洋红）、Y（黄色）、K（黑色）4 个通道中为每个像素的每种印刷油墨指定一个百分比值。和 RGB 模式相反，CMYK 模式为减色法，为最亮（高光）颜色指定的印刷油墨颜色百分比较低，而为较暗（暗调）颜色指定的百分比较高。当 4 种分量的值均为 0% 时，就会产生纯白色。

在 CMYK 模式的图像中每个像素包含 32 位（8×4）颜色信息，CMYK 模式的图像及其通道如图 2-44 所示。在准备要用印刷色打印的图像时，应使用 CMYK 模式。将 RGB 图像转换为 CMYK 即可产生分色。如果由 RGB 图像开始修改，则最好先编辑图像，再将其转换为 CMYK 模式。

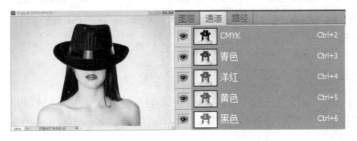

图 2-44 CMYK 模式的图像及其通道

（3）灰度模式

灰度模式下的图像是由 256 级灰度颜色来显示的，灰度图像中的每个颜色像素都有一个 0（黑色）到 255（白色）之间的亮度值。当将彩色模式的图像转换为灰度模式，再将其转换为原来的彩色模式时，图像的颜色信息将丢失。将彩色模式转换为双色调模式或位图模式时，必须先将其转换为灰度模式，再由灰度模式转换为双色调模式或位图模式，如图 2-45 所示。

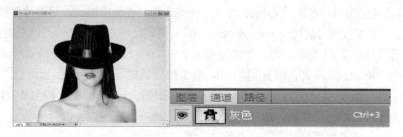

图 2-45　灰度模式的图像及其通道

（4）位图模式

位图模式下的图像是由黑色和白色组成的，所以它又被称为黑白图像，该模式可以较为完善地控制灰度图像的打印，通常线条稿采用这种模式。它只有双色调模式和灰度模式，如果要将位图图像转换为其他模式，则需要先将其转换为灰度模式。在位图模式中，只有少数的工具可以使用，所有和色调有关的工具都不能使用，所有的滤镜都不能使用，只有一个背景层和一个被命名的通道可以使用，如图 2-46 所示。

图 2-46　位图模式的图像及其通道

（5）索引模式

索引模式用最多 256 种颜色生成 8 位图像文件。当转换为索引颜色时，Photoshop 将构建一个颜色查找表（CLUT），用以存放并索引图像中的颜色。如果源图像中的某种颜色没有出现在该表中，则程序将选取最接近的一种，或使用偏色以现有颜色来模拟该颜色。由于调色板很有限，因此，索引颜色可以在保持多媒体演示文稿、Web 页等彩色的视觉品质的同时，减少文件大小。在这种模式下只能进行有限的编辑。当需要进一步进行编辑时，应临时将其转换为 RGB 模式。

2．快速调整图像色彩

在 Photoshop 中，对图像进行颜色填充或绘画的时候，除了要选择好相关命令或工具外，还需要选择好当前颜色。根据设计和绘图的需要还可以设置多种不同的颜色，以下将具体讲解颜色设置的方法。

（1）在工具箱中设定前景色和背景色

工具箱中有一个色彩控制工具，用于设置前景色和背景色，切换前景色、背景色和恢复缺少的颜色，如图 2-47 所示。

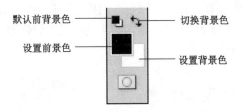

默认前背景色 —— 　　　—— 切换背景色

设置前景色 —— 　　　—— 设置背景色

图 2-47　工具箱中的颜色工具

单击工具箱中的设置前景色色块或设置背景色色块，都会打开拾色器对话框，可修改前景色。单击"切换前景色和背景色"按钮或按"X"键可以互换前景色和背景色。单击"默认前景色和背景色"按钮或按"D"键可以将前景色和背景色还原为默认的颜色，即前景色为黑色、背景色为白色。有关"拾色器"用法将在后续项目中讲述。

（2）使用拾色器设置颜色

单击"设置前景色"或"设置背景色"按钮，打开如图 2-48 所示的拾色器对话框，可以在此选取颜色。在拾色器对话框左侧的颜色选择区中，可以选择颜色的饱和度，垂直方向表示的是明度的变化，水平方向表示的是饱和度的变化。要选取颜色，首先在中间的光谱中选取基本的颜色区域，然后在左侧的颜色选择区单击选中某种颜色；也可以在颜色数值观察和设置区输入适当的数值来设置颜色。当选择好颜色后，在对话框右侧上方的颜色框中会显示选择的颜色，右侧下方是所选择颜色的 HSB、RGB、CMYK、Lab 值，选择好颜色后，单击"确定"按钮，所选择的颜色将变为工具箱中的前景色和背景色。

Web 安全颜色是指浏览器使用的 216 种颜色，与平台无关。通过使用这些颜色，用于 Web 的图片在设置为以 256 色显示的系统中时一定不会出现仿色。若勾选拾色器左下方的"只有 Web 颜色"复选框，则所拾取的任何颜色都是 Web 安全颜色。

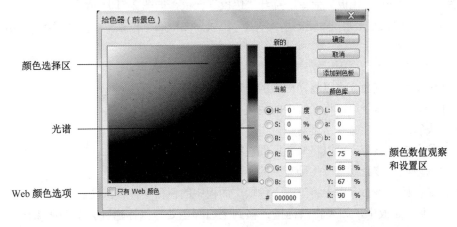

颜色选择区 ——

光谱 ——

Web 颜色选项 ——

—— 颜色数值观察和设置区

图 2-48　拾色器对话框

（3）使用颜色面板设置颜色

"颜色"面板可以用来设置前景色和背景色。执行"窗口-颜色"命令，打开"颜色"面板，如图 2-49 所示。

在控制面板中,可先单击左侧的前景色和背景色按钮以确定所调整的是前景色还是背景色;然后拖动三角形滑块在颜色栏中选择所需要的颜色,也可以直接在颜色的数值框中输入数值调整颜色。

单击面板右上角的 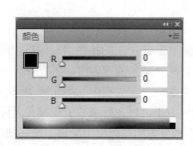 按钮,弹出"颜色"面板的下拉菜单,如图 2-50 所示,该菜单用于设定控制面板中显示的颜色模式,可以在不同的颜色模式中调整颜色,如需设置 CMYK 颜色,则要执行"CMYK 滑块"命令。

图 2-49　"颜色"面板　　　　　　　　　　图 2-50　弹出的下拉菜单

（4）使用色板面板设置颜色

Photoshop 中提供了"色板"面板,用于方便用户快速选择颜色,面板中的颜色都是预先设置好的,可直接从中选取而不用自己配置。"色板"面板可以用来选取一种颜色以改变前景色或背景色。执行"窗口-色板"命令,打开"色板"面板,如图 2-51 所示。

此外,单击面板右上角的 按钮,弹出"色板"面板的下拉菜单,如图 2-52 所示,其中各命令的含义如下。

1）新建色板：该命令用于新建一个色块。

2）小缩览图：该命令可以将面板中的色块以小图标显示。

3）小列表：该命令可以将面板中的色块以小列表显示。

4）预设管理器：该命令用于对颜色进行管理。

5）复位色板：该命令可以将修改后的色板恢复为默认的状态。

6）载入色板：该命令可以将硬盘中的其他色板载入。

7）存储色板：该命令用于将当前"色板"面板中的色板文件存入硬盘。

在"色板"面板中,如果将鼠标指针移到空白颜色处,鼠标指针会变为油漆桶形状,如图 2-53 所示,此时单击,将打开"色板名称"对话框,如图 2-54 所示,单击"确定"按钮,可将前景色添加到"色板"面板中,如图 2-55 所示。

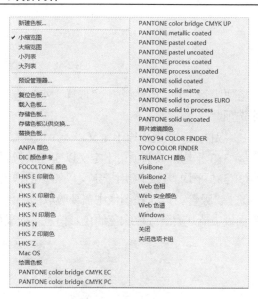

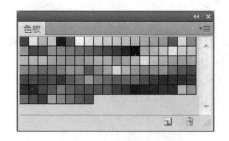

图 2-51　"色板"面板　　　　　　　　　　　图 2-52　弹出的下拉菜单

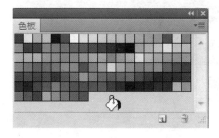

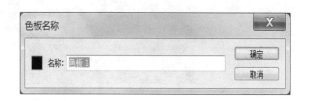

图 2-53　鼠标指针变为油漆桶图标　　　　　　图 2-54　"色板名称"对话框

　　在"色板"面板中，如果将鼠标指针移到颜色处将使鼠标指针变为吸管图标，如图 2-56 所示，此时单击可将吸取的颜色作为前景色，如图 2-57 所示。如果要删除指定色样，则可按"Alt"键，光标形状为剪刀状，单击要删除的色样方格即可删除。

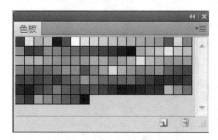　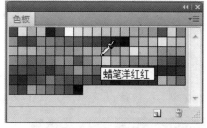　

图 2-55　添加前景色到"色板"中　　　图 2-56　鼠标指针变为吸管形状　　　图 2-57　吸取的颜色

　　（5）使用吸管工具组设置颜色

　　吸管工具组中包含了吸管工具、颜色取样器工具，单击"吸管工具"右下角的下拉按钮，可以在弹出的列表中选择需要的工具。

　　1）吸管工具：使用"吸管工具" 　可以在图像或"颜色"面板中吸取颜色，并可在"信息"面板中观察像素点的色彩信息。"吸管工具"的属性栏如图 2-58 所示。

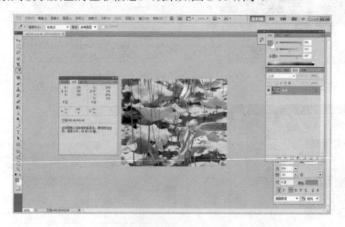

图 2-58 "吸管工具"的属性栏

在"吸管工具"属性栏中，"取样大小"选项用于设置取样点大小。其下拉列表中包含以下几个选项。

① 取样点：该选项用于定义以一个像素点为取样的范围。

② 3×3 平均：该选项用于定义以 3×3 的像素区域为取样的范围，并吸取其色彩平均值。

③ 5×5 平均：该选项用于定义以 5×5 的像素区域为取样的范围，并吸取其色彩平均值。

选择"吸管工具"，在图像中需要吸取的颜色上单击，前景色将变为吸管吸取的颜色，在"信息"面板中能观察到吸取颜色的色彩信息，效果如图 2-59 所示。

图 2-59 吸取的色彩信息

2）颜色取样器工具：使用"颜色取样器工具" 可以在图像中对需要的色彩进行取样，最多可以对 4 个颜色点进行取样，取样的结果将显示在"信息"面板中。选择"颜色取样器工具"，在图像中需要吸取颜色的位置单击 3 次，在"信息"面板中将记录 3 次取样的色彩信息，效果如图 2-60 所示。

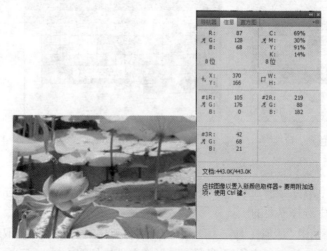

图 2-60 取样并在"信息"面板中显示取样点的色彩信息

　　选择"颜色取样器工具"，将鼠标指针移至取样点时，指针会变成移动图标形状，按住鼠标左键不放，拖动鼠标可以将取样点移动到适当的位置，移动后"信息"面板中的记录将改变，如图 2-61 所示。

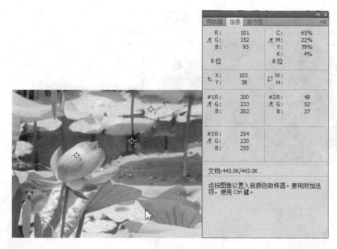

图 2-61　移动取样及其色彩信息

3. 图像色彩的高级调整

　　有时候图片中会有一些瑕疵，或者太亮、太暗，又或者有颜色偏差，这时就要进行色彩调整。对图像的色调进行控制主要是对图像明暗度的调整。在 Photoshop CS5 中，可以使用"调整"菜单下的色阶、曲线、亮度/对比度、色调均化等命令，对图像的色调进行调整，下面分别进行介绍。

　　(1) 调整色阶

　　"色阶"命令用于调整图像的对比度、饱和度及灰度，而且色阶调整可以通过输入数字，对明度进行精确的设定。执行"图像-调整-色阶"命令，或按"Ctrl+L"组合键，打开"色阶"对话框，如图 2-62 所示。

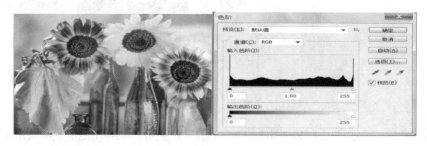

图 2-62　色阶调整

　　在对话框中央是一个直方图，其横坐标的取值为 0～255，表示亮度值，纵坐标为图像像素数。对话框中其他选项的含义如下。

　　1) 通道：可以在该下拉列表中选择不同的通道进行调整。

　　2) 输入色阶：该选项用于控制图像的最暗和最亮色彩。左侧的数值框和左侧的黑色三角滑块用于调整黑色，图像中低于该亮度值的所有像素将变为黑色。中间的数值框和中间的灰色滑块用于调整灰度，其数值为 0.1～9.99，1.00 为中性灰度。右侧的数值框和右侧的白色三角滑块用于调整白色，图像中高于该亮度值的所有像素将变为白色。图 2-63 所示为调整输入色阶的 3 个滑块时，图像产生的不同效果。

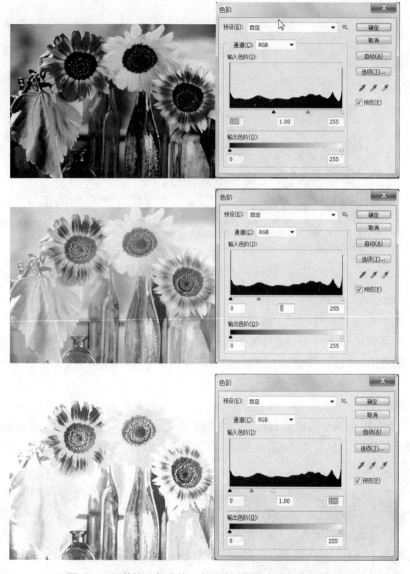

图 2-63　调整输入色阶的 3 个滑块时图像产生的不同效果

3）输出色阶：该选项用于控制图像的亮度范围（左侧数值框和左侧黑色滑块用于调整图像的最暗像素的亮度，右侧数值框和右侧白色三角滑块用于调整图像最亮像素的亮度），输出色阶的调整将增加图像的灰度，降低图像的对比度。图 2-64 所示为调整输出色阶的两个滑块时，图像产生的不同效果。

4）　　　：这 3 个吸管工具分别是"设置黑场"吸管工具、"设置灰场"吸管工具和"设置白场"吸管工具。选中"设置黑场"吸管工具在图像中单击，单击点的像素会变为黑色，图像中的其他颜色也会相应调整。使用"设置灰场"吸管工具在图像中单击，单击点的像素会变为灰色，图像中的其他颜色也会相应调整。使用"设置白场"吸管工具在图像中单击，图像中亮度比单击点高的所有像素都会变为白色。双击任何一个吸管工具，均可在打开的拾色器对话框中设置吸管颜色。

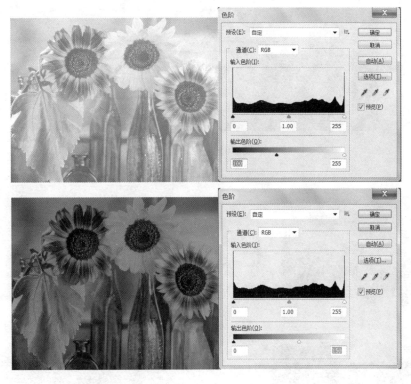

图 2-64 调整输出色阶的两个滑块时图像产生的不同效果

注意： 　　在"色阶"对话框中，按"Alt"键的同时单击"取消"按钮，"取消"按钮将变为"复位"按钮，单击"复位"按钮可以将刚调整过的色阶还原，重新进行参数设置。

（2）调整曲线

"曲线"命令可以通过调整图像色彩曲线上的任意一个像素点来改变色彩范围，也可以帮助用户调整图像的整体色调范围和色彩平衡，它不只使用高光、中间色调 3 个变量进行调整，而是将图像的色调分成 4 部分，可以让用户在阴影色和中间色之间（四分之三），以及中间色和高亮度（四分之一）之间精确地调整色调。

曲线图的水平轴为输入色阶，表示源图像中像素的色调分布，初始时分成了 4 部分，从左到右依次是暗调（黑）—1/4 色调、1/4 色调—中间色调、中间色调—3/4 色调和 3/4 色调—高光（白）；纵轴为输出，代表新的颜色值，从上到下亮度值逐渐减小。刚打开的曲线是一条过原点的对角线，表示输入色阶和输出色阶值相同。

用曲线调整图像色调就是通过调节曲线的形状来改变输入和输出色阶的值，从而改变图像的色调分布。执行"图像-调整-曲线"命令，或按"Ctrl+M"组合键，打开"曲线"对话框，如图 2-65 所示。

单击要调整的曲线部位，当鼠标指针变成一个箭头时，"输入"和"输出"值会出现鼠标指针所在的坐标，在曲线上按住鼠标不放可以拖动曲线，释放鼠标左键就会出现一个锁定的点，拖动该点到其他位置，可以调整图像的色彩。也可以用铅笔工具在方格内绘制出一条曲线，代替调节曲线的形状。调整好曲线的形状后，单击"确定"按钮。"曲线"对话框中的其他按钮用法与"色阶"对话框相同，图 2-66 所示为用曲线调整图像的示例。

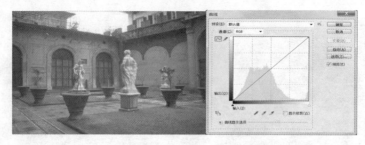

图 2-65　"曲线"对话框

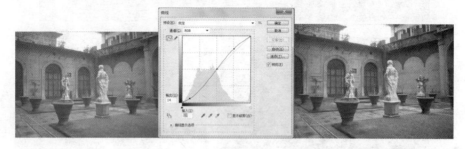

（a）平均色调

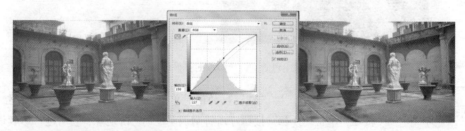

（b）提高图像色调

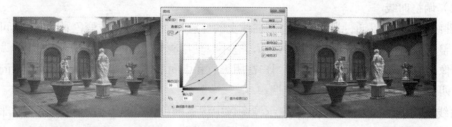

（c）降低图像色调

图 2-66　"曲线"调节对比图

（3）调整色彩平衡

"色彩平衡"命令用于调节图像的色彩平衡度，调整图像或选区中可以增加或减少处于高亮度、中间色和暗色区域中的额定颜色。而且只能应用于复合颜色通道，在彩色图像中改变颜色的混合，若图像有明显的偏色，则可用此命令来调节。执行"图像-调整-色彩平衡"命令，或按"Ctrl+B"组合键，打开"色彩平衡"对话框，如图 2-67 所示。

图 2-67　"色彩平衡"对话框

在"色彩平衡"对话框中，"色彩平衡"选项组用于设置图像的阴影、中间调、高光选项；"色彩平衡"选项组用于在图像中添加过渡色来平衡色彩效果，3 个滑块分别用于调整从青色到红色、从洋红到绿色和从黄色到蓝色，拖动三角滑块可以调整整个图像的色彩，也可以在"色阶"选项的数值框中输入数值调整整个图像的色彩。"保持亮度"复选框用于保持源图像的亮度。图 2-68 所示为调整色彩平衡后的图像效果。

（a）原图　　　　　　　（b）"色彩平衡"对话框　　　　　　　（c）调整图像

图 2-68　调节色彩平衡对比图

（4）调整色相/饱和度

"色相/饱和度"命令可以调节图像的色相和饱和度，"色相/饱和度"命令不仅可以调整图像中的单个颜色的色相、饱和度和亮度，还可以使用"着色"选项将颜色添加到已转换为 RGB 的灰度图像，或添加到 RGB 的灰度图像。执行"图像-调整-色相/饱和度"命令，或按"Ctrl+U"组合键，打开"色相/饱和度"对话框，如图 2-69 所示。

图 2-69　"色相/饱和度"对话框

对话框中各选项的含义如下。

1）编辑下拉列表：设置允许调整的范围，可选择全图或选择图像中的某一种颜色进行调整。可选颜色为红色、黄色、绿色、青色、蓝色和洋红。

2）在"色相/饱和度"对话框中有 3 个滑块，当打开对话框时，3 个滑块都处于滑块的中间位置。

3）颜色条：在对话框的底部有两个颜色条，它们以各自的顺序表示色轮中的颜色，上面的一个颜色条显示调整前的颜色，下面的一个颜色条显示调整时的颜色变化。

4）吸管工具：当选择编辑单色时才可用，选择普通吸管工具时对具体的单色的范围进行编辑，选择带"+"的吸管可以增加单色范围，而选择带"－"的吸管可以减少单色范围。

5）着色：在"色相/饱和度"对话框中，"着色"选项用于在由灰度模式转化而来的色彩模式图像中添加需要的颜色。图 2-70 所示为使用"色相/饱和度"后的图像效果。

（a）原图　　　　　　（b）"色相/饱和度"对话框　　　　　（c）调整图像

图 2-70　调节色相/饱和度的对比图

（5）替换颜色

"替换颜色"命令可以将图像中的颜色替换。一般方法是在图像中基于特定颜色创建一个临时蒙版，用以改变选定像素的色相、饱和度和亮度，然后替换图像中的特定颜色。选择好要调整颜色的区域，执行"图像-调整-替换颜色"命令，打开"替换颜色"对话框，如图 2-71所示。

图 2-71　"替换颜色"对话框

对话框中各选项的含义如下。

1）选区：包含一个颜色容差滑块，其右端是文本框，可以拖动滑块或输入数值来改变颜色容差的值。向右拖动是增大颜色容差，即扩大所选颜色所在选区；向左拖动是减小颜色的容差，即减小选区。

在缩览图下方有"选区"和"图像"两个单选按钮，选中"选区"单选按钮将在缩览图上显示蒙版内容，被蒙区域为黑色，未蒙区域为白色，还有一些区域为灰色；选中"图像"单选按钮将在缩览图中显示选区内的图像内容，在处理较大的图像或屏幕空间有限时，该命令十分有用。无论是选中"选区"还是"图像"单选按钮，当鼠标指针在缩览图上或在源图像上为吸管的形状时，单击可以在图像上取色，取来的颜色显示在"变换区域"中的颜色预览框中。

　　2）变换区域：在此区域通过拖动色相、饱和度和明度滑块或在右边的文本框中输入数值来改变选取的颜色。使用"替换颜色"对话框中的吸管工具在图像中进行取样，然后调整图像的色相、饱和度和明度，取样的颜色将被替换成新的颜色。对于"替换颜色"对话框中的其他按钮，其用法与以前介绍的按钮用法相同。图 2-72 所示为使用"替换颜色"后的图像效果。

　　（a）原图　　　　　　（b）"替换颜色"对话框　　　　　　（c）调整图像

图 2-72　替换颜色对比图

（6）可选颜色

　　"可选颜色"命令可以将图像中的颜色替换成选择后的颜色，它的作用是选择某种颜色范围并进行针对性的修改，在不影响其他颜色的情况下修改图像中的某种彩色的数量，可以用来校正色彩不平衡问题和调整颜色。可选颜色是应用于高档扫描仪和分色程序的一项技术，它基于组成图像某一色调的 4 种应用图像中的每个加色法来增加或减少颜色的数量，而不改变其他颜色。例如，用户可以减少蓝色区域中的黄色，而红色区域中黄色保持不变。选择好要调整颜色的区域，执行"图像-调整-可选颜色"命令，打开"可选颜色"对话框，如图 2-73 所示。

图 2-73　"可选颜色"对话框

对话框中各选项的含义如下。

1）颜色：在"颜色"下拉列表中选择要进行调整的主色调，这组颜色由加色法原色、减色法原色、白色、中性色和黑色组成。

2）CMYK 滑块：分别为青色、洋红、黄色和黑色，可以通过拖动滑块或在右端文本框中输入值来改变各颜色的值，以达到调整主色调的作用。滑块向左移动是减少颜色的含量，向右移动是增加颜色的含量，文本框的取值为- 100～+100。

3）"相对"与"绝对"："相对"是增加或减少每种颜色的相对改变量，如为一个起始含量为 50%洋红色的像素增加 10%，那么像素的洋红色含量变为 55%；"绝对"是增加或减少每种颜色的绝对改变量，如为一个起始含量为 50%洋红色的像素增加 10%，那么像素的洋红色含量变为 60%。图 2-74 所示为使用"可选颜色"命令调整前后的图像效果。

（a）原图   （b）"可选颜色"对话框   （c）调整图像

图 2-74   调节可选颜色对比图

（7）直方图面板

Photoshop 会将图像上的色阶与明暗度的分布制成直方图色阶分布图，其提供了色调分布的统计功能，利用此图形，可了解图像中亮部和暗部的分布情况，也可查看图像某个区域色调的分布情况，如图 2-75 所示。当调整图像时，直方图会动态地更新。

"直方图"面板提供了许多选项，用来查看有关图像的色调和颜色信息。默认情况下，直方图显示整个图像的色调范围。若要显示图像某一部分的直方图数据，则可先选择该部分。在"直方图"面板中可以监视图像的更改，但不能以任何方式改变或编辑图像。

默认情况下，直方图和"信息"面板组合在一起，可从"窗口/直方图"打开。单击三角按钮，选择"扩展视图"选项，在"通道"下拉列表中选择 RGB，将会看到如图 2-76 所示的面板。

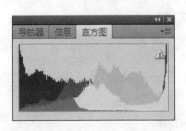

图 2-75   直方图显示色调范围

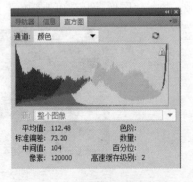

图 2-76   直方图显示像素数据

　　直方图中 X 轴方向代表了亮度的"里程"，左端代表的亮度为 0，右端代表的亮度为 255。所有的亮度都分布在这条线段上，这条线代表了绝对的亮度范围。

　　如图 2-77 所示，在直方图中移动，统计数据会显示目前所处的亮度色阶（图中箭头处），以及该亮度色阶上的像素数量。如图 2-78 所示，拖动并选择一个范围，统计数据会显示所选范围的色阶范围（图中箭头处），以及统计范围中所包含的像素数量。

　　直方图 Y 轴代表的是像素数量，可能会有溢出窗口上限的情况，因此不能单凭视觉来判断像素数量，要以统计数据为准。

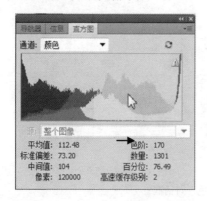

图 2-77　直方图中亮度色阶的像素数量

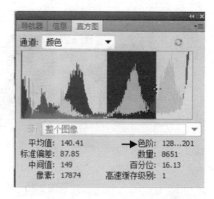

图 2-78　直方图中所选亮度色阶的像素数量

（8）去色

　　"去色"命令可以将图像的颜色去掉，变成灰度图像，但其颜色模式保持不变，只是每个像素的颜色被去掉而只留有明暗度。如果此命令应用于多图层图像，那么该命令只对当前工作图层起作用。执行"图像-调整-去色"命令，最终效果如图 2-79 所示。

（a）原图

（b）效果图

图 2-79　调整去色

（9）匹配颜色

　　"匹配颜色"命令同图像之间、多个图层之间或者多个颜色选区之间的颜色。它还允许通过更改亮度和色彩范围，以及中和色痕来调整图像中的颜色。"匹配颜色"命令仅适用于 RGB 模式的图像。

　　"匹配颜色"命令用于匹配使一个图像（源图像）的颜色与另一个图像（目标图像）中的颜色相匹配。当尝试使不同照片中的颜色保持一致，或者一个图像中的某些颜色必须与另一个图像中的颜色匹配时，此命令非常有用。除了匹配两个图像之间的颜色以外，"匹配颜色"命令还可以匹配同一个图像中不同图层之间的颜色。

　　打开两张色调完全不同的图片，选择第一张图片，执行"图像-调整-匹配颜色"命令，打开"匹配颜色"对话框，如图 2-80 所示，在"源"下拉列表中选择第二张图片，然后设置其选项，单击"确定"按钮，如图 2-81 所示。

（a）原图（一）　　　　　（b）原图（二）　　　　（c）"匹配颜色"对话框

图 2-80　原图与"匹配颜色"对话框

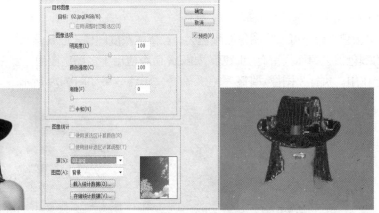

图 2-81　调节匹配颜色对比图

（10）调整通道混合器

　　"通道混合器"命令可以创造性地调整颜色，也可以利用颜色通道创建高质量的灰度图像。在输出通道中可以选择当前图像文件颜色模式下的任意一个通道，然后对其进行调整，通道混合器可以直观地对某个通道进行调整，并且可以预览到调整效果。我们可以得到从每一种颜色通道选择一定比例创造而来的高质量的灰度图像；可以创造出高品质的棕色调或其他色调的图像；可以将图像转换为替代色相空间，或从该色彩空间转换图像；还可以交换或复制通道。选择好要调整颜色的区域，执行"图像-调整-通道混合器"命令，打开"通道混合器"对话框，如图 2-82 所示，在"通道混合器"对话框中进行设置，如图 2-83 所示。

图 2-82　"通道混合器"对话框

（a）原图　　　　　　　　　（b）"通道混合器"对话框　　　　　　　（c）调整图像

图 2-83　调节通道混合器对比图

对话框中各选项的含义如下。

1）输出通道："输出通道"下拉列表用来选择要进行调整的、作为最后输出的颜色通道，该选项的颜色通道随图像的颜色模式而改变。

2）源通道：含有图像的原始的、几种颜色通道，如 RGB 模式含有 R、G、B 3 个通道。在每个通道滑块的右边都有一个文本框，输入值是-200～+200，通过拖动滑块或输入数值来改变该通道颜色的输出通道的影响。如果输入一个负值，则先将原通道反相，再混合到输出通道上。

3）常数：在其文本框中输入数值或拖动滑块，都可以将一个不透明的通道添加到输出通道中，负值为黑色通道，正值为白色通道。

4）单色：勾选该复选框可以将相同的设置应用于所有输出通道，创建只包含灰色值的彩色图像。如果先勾选了"单色"复选框，再取消勾选，那么可以单独修改每一个通道的混合，从而建立一种灰色调的效果。

（11）照片滤镜

"照片滤镜"命令模仿在照相机镜头前面加彩色滤镜，以便调整通过镜头传输的光的色彩平衡和色温，可以用来修正由于扫描、胶片冲洗、平衡设置不正确等造成的一些色彩偏差，也可以用来还原照片的真实色彩、强调效果、渲染气氛。"照片滤镜"命令还允许选择预设的颜色，以便向图像应用色相调整。如果希望应用自定义颜色调整，则"照片滤镜"命令允许使用 Adobe 拾色器来指定颜色。打开素材图片"15.jpg"，执行"图像-调整-照片滤镜"命令，打开"照片滤镜"对话框，如图 2-84 所示，对"照片滤镜"对话框进行设置，效果如图 2-85 所示。

图 2-84　"照片滤镜"对话框

（a）原图　　　　　　　　（b）"照片滤镜"对话框　　　　　　　　（c）调整图像

图 2-85　调节照片滤镜对比图

对话框中各选项的含义如下。

1）滤镜：包括加温滤镜（85 和 LBA）及冷却滤镜（80 和 LBB），用于调整图像中的白平衡的颜色转换滤镜。如果图像是使用色温较低的光（微黄色）拍摄的，则冷却滤镜（80）使图像的颜色更蓝，以便补偿色温较低的环境光。相反，如果照片是用色温较高的光（微蓝色）拍摄的，则加温滤镜（85）会使图像的颜色更暖，以便补偿色温较高的环境光。加温滤镜（81）和冷却滤镜（82）：使用光平衡滤镜来对图像的颜色、品质进行细微调整。加温滤镜（81）使图像变暖（变黄）。冷却滤镜（82）使图像变冷（变蓝）。个别颜色：根据所选颜色预设给图像应用色相调整。所选颜色取决于如何使用"照片滤镜"命令。如果照片有多色痕，则可以选取一种补色来中和色痕。还可以针对特殊颜色效果或增强应用颜色。

2）颜色：对于自定滤镜，应选中"颜色"单选按钮，单击右边的色块，并使用 Adobe 拾色器为自定颜色滤镜指定颜色。

3）保留明度：如果不希望通过添加颜色滤镜来使图像变暗，则要勾选此复选框。

4）浓度：调整应用于图像的颜色数量，可使用"浓度"滑块或者在"浓度"文本框中输入一个百分比。浓度越高，颜色调整幅度就越大。

> **注意：**　使用暖色调滤镜纠正蓝色偏差时，因为亮度信号有一定损失，所以应将亮度和对比度相应提高一些。

（12）调整亮度与对比度

"亮度/对比度"命令对图像的色调进行简单的调整，它是对图像的整体进行全局的调整，而不仅仅是对高光区、中间色区、暗色区中的单个区域进行调整。它对这些区域进行同时调整，对单通道不起作用。执行"图像-调整-亮度/对比度"命令，打开"亮度/对比度"对话框并进行设置，如图 2-86 所示，最终效果如图 2-87 所示。两个滑块向左调整，输入框内显示负值，可以降低图像的亮度和对比度；滑块向右调整，输入框内显示正值，可以提高图像的亮度和对比度。有时对比度过大会使图片失真，但有很强的视觉冲击力。

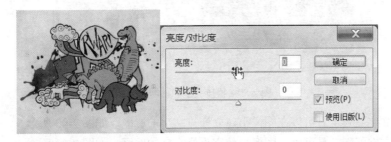

图 2-86　"亮度/对比度"对话框

（a）原图　　　　　（b）"亮度/对比度"对话框　　　　　（c）调整图像

图 2-87　调节亮度与对比度对比图

2.4.2　文字的应用

实际工作中，我们经常使用 Photoshop CS5 来制作各种各样的特效字，使 Photoshop CS5 的功能得到了充分发挥。用户可以在图像中创建各种横排或直排文字，可以设置文字的字体、大小、颜色及段落等属性。此外，Photoshop CS5 还可以利用路径和变形工具将文字制作为各种形状；可以结合滤镜和图层样式等工具制作出各种特效文字。

1. 文字的基本操作

文字工具组：文字的编辑是通过工具栏中的文字工具来实现的。单击工具箱中的 T 按钮或者按 "T"键，可选择文字工具。按住鼠标左键不放，会弹出文字工具选择菜单，如图 2-88 所示。Photoshop CS5 共有 4 种文字输入工具：横排文字工具、直排文字工具、横排文字蒙版工具、直排文字蒙版工具。

图 2-88   文字工具组

1）横排文字工具可以在图像中输入从左向右排列的文字，如图 2-89 所示。

2）直排文字工具可以在图像中输入从上到下的竖直排列的文字，如图 2-89 所示。

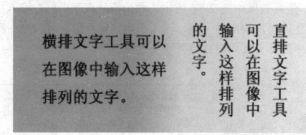

图 2-89   横排文字和直排文字

3）横排文字蒙版工具可以在图像中建立横排文字的选区，如图 2-90 所示。

4）直排文字蒙版工具可以在图像中建立直排文字的选区，如图 2-90 所示。

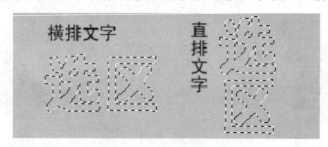

图 2-90   横排文字和直排文字

2．文字工具选项栏

在工具箱中选择文字工具，在选项栏中就会相应显示出文字工具属性栏，如图 2-91 所示。文字工具属性栏中各选项作用如下。

图 2-91   文字工具属性栏

1）切换文字方向：单击该按钮可以更改文字的方向。只能在文字编辑状态使用，文字编辑前可以在工具箱中选择横排或直排工具。

2）设置字体：在下拉列表中选择要设置的文本字体，如宋体、黑体、隶书等。

3）设置字体样式：在下拉列表中选择要设置的文本字体样式，如规则、倾斜、加粗等。

有的字体包含了多种字体样式，有的字体则不包含样式，这时字体样式列表框呈灰色不可选状态。

4）设置字体大小：在下拉列表中选择文本的大小，也可拖动 🔠 按钮或者手动在列表框中输入字体大小。

5）消除锯齿：消除锯齿可以通过部分地填充边缘像素来产生边缘平滑的文字，使文字边缘混合到背景中。此下拉列表中提供了 5 种消除锯齿的方法。

① 无：不应用消除锯齿。

② 锐利：使文字显得最为锐利。

③ 犀利：使文字显得稍微锐利。

④ 浑厚：使文字显得更粗重。

⑤ 平滑：使文字显得更平滑。

6）对齐方式：设置文本的对齐方式，包括左对齐文本、居中对齐文本、右对齐文本。

7）设置字体颜色：单击该按钮，打开"选择文本颜色"的拾色器对话框，用于选取文本颜色。默认状态下，系统会根据前景色的颜色设置文本的颜色。

8）文字变形：单击该按钮，打开"变形文字"对话框，可以创建各种文字变形效果。

9）显示/隐藏字符和段落面板：单击该按钮，打开"字符"和"段落"面板，其中囊括了对文本的字体、段落的几乎所有设置，如图 2-92 和图 2-93 所示。

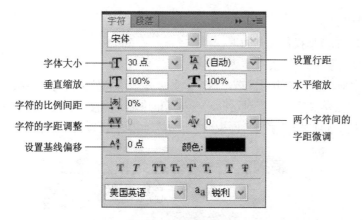

图 2-92　"字符"面板

图 2-93　"段落"面板

10）取消和提交：在文本编辑状态下，单击“取消”按钮或按“Esc”键即可取消所有的当前编辑；单击“提交”按钮或按“Ctrl+Enter”组合键即可提交所有的当前编辑。

3. 输入与选择文字

（1）输入点文本

输入点文本的方法如下。

1）选择横排文字工具 T或直排文字工具 ↓T。

2）在图像中单击，设置文本的插入点。

3）在文字工具选项栏、“字符”面板或“段落”面板中设置文本的选项。

4）输入文本，可以按“Enter”键换行。

5）输入或编辑完文字后，可以通过以下方法提交。

① 单击“提交”按钮✓。

② 按“Ctrl+Enter”组合键或按小键盘上的“Enter”键。

③ 执行其他操作，可自动提交。

注意： 输入点文本时，每行文本都是独立的，行的长度随着编辑增加或缩短，不会自动换行。输入的文本即可出现在新的文字图层中，如图 2-94 所示。提交后仍可对文本进行编辑。

（2）输入段落文本

输入段落文本的具体操作步骤如下。

1）选择横排文字工具 T或直排文字工具 ↓T。

2）在图像中拖动出一个矩形区域，这个区域就是段落的外框；也可以按“Alt”键并单击或拖动，会打开“段落文字大小”对话框，在对话框中输入宽度和高度即可定义外框。

3）在文字工具选项栏、“字符”面板或“段落”面板中设置文本的选项。

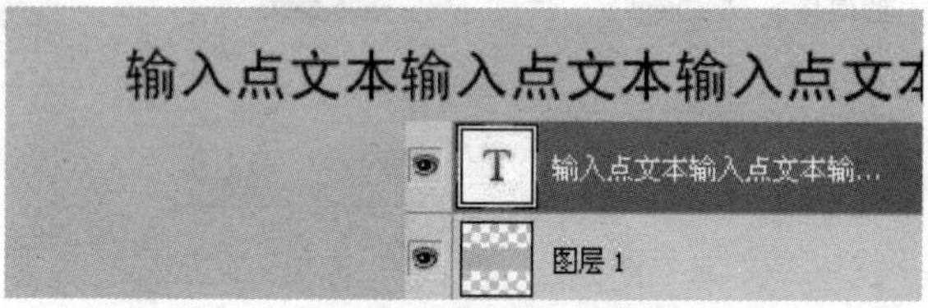

图 2-94 输入点文本

4）输入文本，可以按“Enter”键换新的段落。如果输入的文字超出外框所能容纳的大小，则外框上将出现溢出图标⊞。

5）输入或编辑完文字后，可以通过以下方法提交。

① 单击“提交”按钮✓。

② 按“Ctrl+Enter”组合键或按小键盘上的“Enter”键。

③ 执行其他操作，可自动提交。

注意： 在编辑状态下，可根据需要调整外框的大小、旋转或斜切外框，如图 2-95 所示。在输入段落文本时，也可以通过按“Ctrl”键在文本周围出现外框，实现对文本的缩放、旋转和斜切。

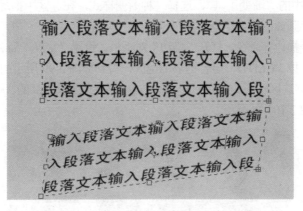

图 2-95　输入段落文本

（3）创建文字选区

使用横排文字蒙版工具 ⟨T⟩ 或直排文字蒙版工具 ⟨T⟩ 时，创建一个文字形状的选区。文字选区出现在现用图层中，并可像任何其他选区一样被移动、复制、填充或描边。

创建文字选区的具体操作步骤如下。

1）选择要创建文字选区的图层。应选择正常图像图层，而不能选择文字图层。

2）选择横排文字蒙版工具 ⟨T⟩ 或直排文字蒙版工具 ⟨T⟩。

3）在图像中输入点文本或段落文本。

4）在文字工具选项栏、"字符"面板或"段落"面板中设置文本的选项。

5）输入或编辑完文字后，单击"提交"按钮，如图 2-96 所示。

注意： 在编辑状态下，输入文字时现用图层上会出现一个红色的蒙版，如图 2-96 所示。文字提交后，现用图层上的图像中才会出现文字选区。

图 2-96　创建文字选区

6）执行"编辑-填充"命令，打开"填充"对话框，内容使用"图案"，单击"确定"按钮，按"Ctrl+D"组合键取消选区，得到如图 2-97 所示的填充效果。

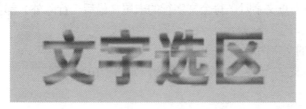

图 2-97　填充效果

7）使用工具箱中的"渐变工具"，选择一种渐变样式，在选区中拖动鼠标，按"Ctrl+D"组合键取消选区，得到如图 2-98 所示的渐变效果。

8）执行"编辑-描边"命令，打开"描边"对话框，设置"宽度"为 2px，"颜色"为红色，单击"确定"按钮，按"Ctrl+D"组合键取消选区，得到如图 2-99 所示的描边效果。

9）也可以将文字选区转换成路径，方法是单击"路径"面板底部的"从选区生成工作路径"按钮，路径效果如图 2-100 所示。

图 2-98　渐变效果

图 2-99　描边效果

图 2-100　工作路径效果

4. 转换文字

（1）点文字与段落文本的转换

1）点文字转换为段落文字：可以将点文字转换为段落文字，以便在外框内调整字符的排列，操作步骤如下。

① 选择要转换的文字图层。

② 执行"图层-文字-转换为段落文本"命令，如图 2-101 所示。

2）段落文字转换为点文字：可以将段落文字转换为点文字，以便使各文本行彼此独立地排列。将段落文字转换为点文字时，每个文字行的末尾（最后一行除外）都会添加一个回车符，操作步骤如下。

① 选择要转换的文字图层。

② 执行"图层-文字-转换为点文本"命令，如图 2-102 所示。

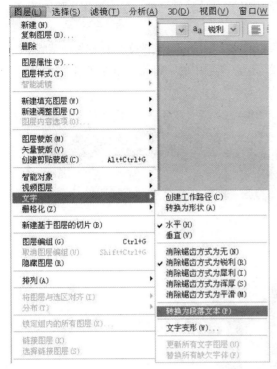

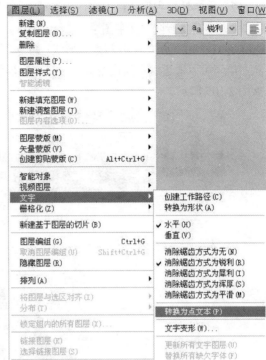

图 2-101　"转换为段落文本"命令　　　　　图 2-102　"转换为点文本"命令

注意：　　将段落文字转换为点文字时，所有溢出外框的字符都被删除。要避免丢失文本，需在转换前调整外框，使全部文字在转换前都可见。

（2）将文字转换为路径或其他图层

1）文字转换为工作路径：有时，Photoshop CS5 中的字体不能完全满足用户的需要，用户往往需要在某个字体的基础上对文字进行修改和编辑，以制作出符合自己要求的字体。将文字转换为工作路径，可以将这些文字用做矢量形状。工作路径是出现在"路径"面板中的临时路径，用于定义形状的轮廓，操作步骤如下。

① 选择要转换的文字图层。

② 执行"图层-文字-创建工作路径"命令，系统会自动在文字的边缘创建路径，同时在"路径"面板中自动创建工作路径，如图 2-103 所示。创建工作路径之后，文字图层仍保持不变并且可以编辑。

③ 对路径进行修改，得到需要的字体，如图 2-104 所示。

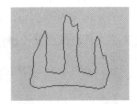

图 2-103　创建工作路径　　　　　图 2-104　工作路径

2）文字转换为形状：用户使用该功能可以制作出形状比较特殊的文字，操作步骤如下。

① 选择要转换的文字图层。

② 执行"图层-文字-转换为形状"命令，原有的文字图层就会被改变为具有矢量蒙版的形状图层。可以通过编辑矢量蒙版来改变文字形状，但该图层中的字符无法作为文本进行编辑，如图 2-105 所示。

图 2-105　文字转换为形状

③ 在蒙版中修改形状，得到如图 2-106 所示的文字形状。

图 2-106　形状

注意： 　　可以看到，修改工作路径对原有的文本没有影响，而修改矢量蒙版的同时文本的形状也随之变化。更多关于路径与形状的知识将在以后的项目中做详细介绍。

5. 栅格化文字

在 Photoshop CS5 中，有些命令不能应用于文字图层，如"描边"命令或各种滤镜。只有将文字图层转换为普通图层时才可以使用，也就是要对文字图层执行"栅格化"命令，操作步骤如下。

1）选择要转换的文字图层。

2）执行"图层-栅格化-文字"命令，如图 2-107 所示。

3）栅格化后文字图层即可转换成普通图层，如图 2-108 所示。

4）执行"编辑-描边"命令，设置好后得到的效果如图 2-109 所示。

当然，也有些命令只能对文字图层进行操作，如将文字转换为路径或形状，对于已经栅格化文字的普通图层就不能进行转换，应根据用户需要选择是否栅格化文字。

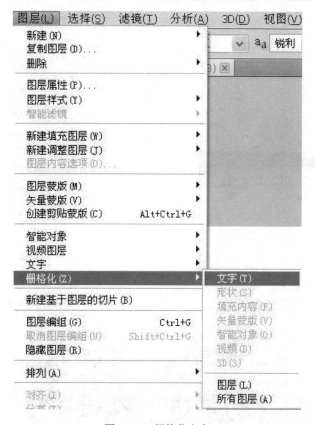

图 2-107   栅格化文字

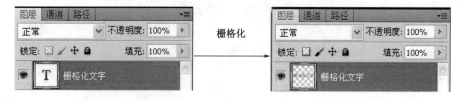

图 2-108   将文字图层转换为普通图层

图 2-109   效果图

6. 创建变形文字

Photoshop CS5 的文字变形功能，可以轻松地创建出文字的扭曲形状，提供更为广阔的文字设计空间。要设置文字变形效果，具体操作步骤如下。

1）选择要编辑的文字图层，执行"图层-文字-文字变形"命令或者单击"文字工具"选项栏中的 按钮，打开"变形文字"对话框，如图 2-110 所示。

2）在"变形文字"对话框中，在"样式"下拉列表中选择一种样式，如图 2-111 所示。

3）调节"弯曲"、"水平扭曲"、"垂直扭曲"数值，得到满意的效果，部分样式的预览效果如图 2-112 所示。

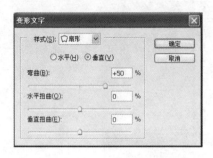

图 2-110   "变形文字"对话框   图 2-111   变形文字样式

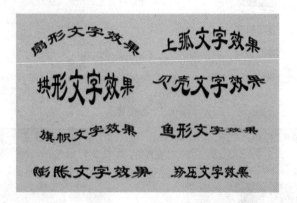

图 2-112   变形文字预览效果

小　结

通过本项目的学习，在海报的创作过程中，要将"创意"作为作品的亮点。随着中国经济持续、高速增长，市场竞争日益扩张，竞争不断升级，商战已开始进入"智"战时期，海报也从以前的所谓"媒体大战"、"投入大战"上升到海报创意的竞争，"创意"一词成为中国广告界最流行的用词。"创意"从字面上理解是"创造意象"，从这一层面进行挖掘，海报创意是介于海报策划与海报表现制作之间的艺术构思活动，即它是根据海报主题，经过精心思考和策划，运用艺术手段，把所掌握的材料进行创造性的组合，以塑造一个意象的过程。

课后训练 2

要求学生完成"校园海报"设计，设计要求如下。

① 根据校园海报需要，自主搜集相关素材。

② 要求色彩、色调能够具有较强的视觉冲击力。

③ 能够根据校园相关主题活动，抓住重点、充分运用"创意"思想进行艺术构思。

④ 熟练使用 Photoshop CS5 相关工具，掌握其操作的技巧和重要环节，完成创作。

项目 3　标志制作

标志是表明事物特征的记号，它以单纯、显著、易识别的物象、图形或文字符号为直观语言，除标示什么、代替什么之外，还具有表达意义、情感和指令行动等作用。标志作为人类直观联系的特殊方式，不但在社会活动与生产活动中无处不在，而且对于个人、社会集团乃至国家的根本利益也有极重要的独特功用。

重点提示：

　➥　图像选取
　➥　图像修饰

任务 1　禁止吸烟标志制作

3.1.1　主题说明

通过对学生的启发，让学生充分认识到标志设计与生活之间的密切联系，引导学生通过欣赏成功的标志设计作品，分析设计师的设计思维过程，加深对标志设计中现代设计观念的渗透，逐步了解标志设计的方式方法，并能从学习过程中提高对标志设计的审美能力和实践能力。标志是象征性的视觉语言，它的特征是直观生动，易于识别和记忆。

3.1.2　实施操作

1）执行"文件-新建"命令，新建背景文件（800 像素×800 像素、RGB 模式），打开如图 3-1 所示的对话框。按"Ctrl+R"组合键打开标尺，在标尺上右击，在弹出的快捷菜单中将单位改为像素，使用"移动工具"在中心拖动出两条参考线，如图 3-2 所示。

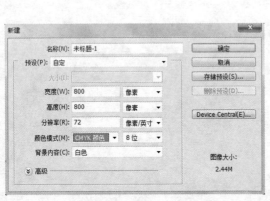

图 3-1　新建文件　　　　　　　　　　　图 3-2　辅助线设置

2）新建一个图层，使用工具箱中的"椭圆选框工具"，按住"Alt+Shift"组合键，绘制外圆，在工具属性栏中单击"从选区减去"按钮，继续绘制内圆，其圆环效果如图 3-3 所示。

3）单击工具箱中的"设置前景色"按钮，将前景色设置为红色，按"Alt+Delete"组合键进行填充，按"Ctrl+D"组合键去掉选区，如图 3-4 所示。

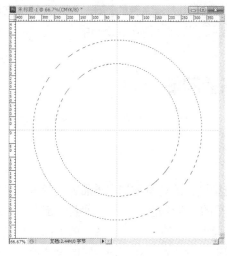

图 3-3　绘制圆环

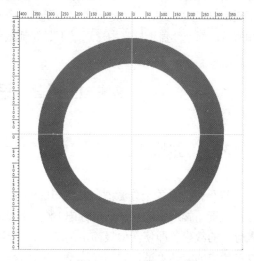

图 3-4　填充红色

4）单击"图层"面板底部的"创建新图层"按钮，新建图层，使用工具箱中的"矩形选框工具"创建矩形，将前景色设置为"红色"，按"Alt+Delete"组合键进行填充。按"Ctrl+D"组合键去掉选区，按"Ctrl+T"组合键对图像进行变换操作，在工具属性栏中将"设置旋转"中的角度设为"-35 度"，效果如图 3-5 所示。

5）单击"图层"面板底部的"创建新图层"按钮，新建图层，将前景色设置为"黑色"，按"Alt+Delete"组合键进行填充，并将该层移到背景层的上面。使用工具箱中的"文字工具"（仿宋、200 像素、黑色、加粗）输入"吸烟"二字，右击该文字图层，在弹出的快捷菜单中执行"栅格化图层"命令，对该文字进行栅格化处理。

6）执行"编辑-描边"（白色、外部、4 像素）命令，使用工具箱中的"魔棒工具"，对"吸烟"二字内部的黑色进行选取，按"Delete"键进行删除，最终效果如图 3-6 所示。

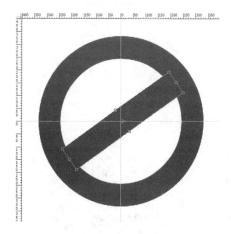

图 3-5　旋转矩形

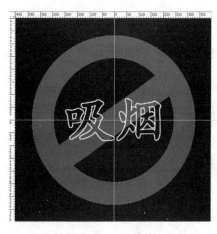

图 3-6　最终效果

3.1.3　总结与点评

标志是现代经济的产物，它不同于古代的印记，现代标志承载着企业的无形资产，是企业综合信息传递的媒介。标志作为企业 CIS 战略的最主要部分，在企业形象传递过程中，是应用最广泛，出现频率最高，也是最关键的元素。企业强大的整体实力，完善的管理机制，优质的产品和服务，都被涵盖于标志中，通过不断的刺激和反复刻画，深深地留在受众心中。

任务 2　汽车车标制作

3.2.1　主题说明

汽车行业竞争十分激烈，从汽车的性能竞争到造型设计的竞争再到汽车品牌的竞争，最能代表汽车品牌形象的就是汽车标志。汽车标志是一辆车的"身份证"。每一枚车标，都有一个耐人寻味的故事，即使看似最简单的车标，往往也有一段很深的寓意。形状各异的车标更是汽车发展历史的鲜活见证，它历经沧桑，也包含着一代代制造者的希望和苦痛，它的设计理念也是设计标志时可学习和借鉴的。

3.2.2　实施操作

1）执行"文件-新建"命令，新建背景文件（800 像素×800 像素、CMYK 模式），打开如图 3-7 所示的对话框。

2）单击"图层"面板底部的"创建新图层"按钮，新建一个图层，按"Ctrl+R"组合键打开标尺，在标尺上右击，在弹出的快捷菜单中将单位改为像素，使用"移动工具"在中心拖动出两条参考线，如图 3-8 所示。

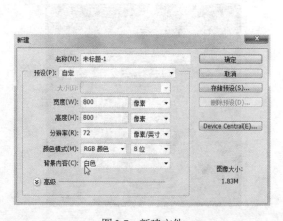

图 3-7　新建文件

图 3-8　辅助线设置

3）使用工具箱中的"椭圆选框工具"，按"Alt+Shift"组合键绘制正圆，将前景色设置为"黑色"，按"Alt+Delete"组合键进行填充。新建图层，用同样的方法，再绘制正圆并填充白色，如图 3-9 所示。

4）按"Ctrl"键，单击"图层 2"缩略图，出现图层 2 选区，使用工具箱中的"矩形选框工具"，并在工具属性栏中单击"从选区减去"按钮，将其中的两部分选区减去，其效果如图 3-10 所示。

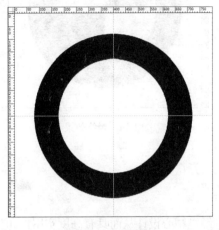

图 3-9　填充颜色

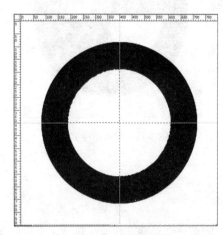

图 3-10　最终选区效果

5）单击工具箱中的"设置前景色"按钮，将前景色设置为蓝色（R13、G10、B139），按"Alt+Delete"组合键进行填充，效果如图 3-11 所示，按"Ctrl+D"组合键去掉选区。

6）按"Ctrl"键单击"图层 2"缩略图，出现"图层 2"选区，执行"编辑-描边"（白色、内部、2 像素）命令进行描边，如图 3-12 所示。

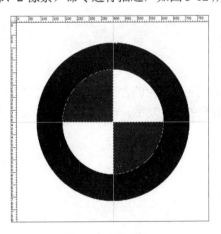

图 3-11　填充蓝色

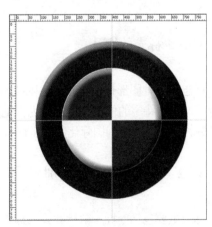

图 3-12　描边效果

7）使用"路径"面板，单击"从选区生成工作路径"按钮，使"图层 2"选区生成工作路径。选择工具箱中的"文字工具"，输入路径文字"BMW"，并使用"路径选择工具"对文字进行适当的调整，如图 3-13 所示。

8）选择"图层 1"，单击"图层"面板底部的"添加图层样式"按钮，选择"斜面和浮雕"（大小为 29）样式，按住"Alt"键将图层效果施加到"图层 2"上，最终效果如图 3-14 所示。

图 3-13　输入路径文字

图 3-14　最终效果

3.2.3　总结与点评

随着社会经济、政治、科技、文化的飞跃发展，经过精心设计从而具有高度实用性和艺术性的标志，已被广泛应用于社会中的一切领域，对人类社会性的发展与进步发挥着巨大作用和影响，符号标志学应运而生。

任务 3　标志制作相关知识

3.3.1　标志的概述

标志是一种图形传播符号，它以精练的形象向人们表达一定的含义，通过创造典型性的符号特征，传达特定的信息。标志作为视觉图形，有强烈的传达功能。在世界范围内，容易被人们理解、使用，并成为国际化的视觉语言。

3.3.2　商标与标志的区别

标志主要包括商标、徽标和公共标志。

1. 商标

商标是一种法律用语，是生产经营者在生产、制造、加工或经销商品或服务时采用的，它是为了区别其他商品或服务、具有显著特征的标志，一般由文字、图形或组合构成。

2. 商标与标志的区别

（1）性质不同

商标作为企业的专用标记，使用目的在于区别，而不能通用。标志的大部分内容是通用的，使用目的是说明。

（2）内容不同

商标是由企业依法根据自身特点制定的形象、图案及厂名构成的。标志是由国家颁布的标准说明和图形符号构成的。

（3）适用法律不同

商标的注册和使用不但在我国有明确的法律规定，而且在世界各国及国际组织间都有明确、单独的法律规定。标志则不同于商标，日本用《家庭用品品质表示法》对标志的内容做出了规定。欧美国家也对标志的某些内容、条款有明确规定。我国则在《中华人民共和国产品质量法》中对标志的使用做出了规定。

3.3.3　标志的类型

1. 按内容分类

按内容分类，标志分为商业性标志和非商业性标志，如图 3-15 和图 3-16 所示。

图 3-15　商业性标志　　　　　　图 3-16　非商业性标志（残疾人通道）

2. 按表现形式分类

按表现形式分类，标志分为文字标志、图形标志和图文结合的标志。

（1）文字标志

文字标志以文字形式来进行标志的创意设计，这种形式认知度较强，传达的信息简单明了，歧异性小；但创意空间较小，有一定的局限性，有时可在文字中适当加入有关的图形，可收到较好的效果，如图 3-17 和图 3-18 所示。

图 3-17　北大校徽　　　　　　　　图 3-18　今日集团

（2）图形标志

图形标志是设计师采用最多的形式之一，图形所表现的范围广泛、形象生动，同时不受任何语言文字的限制，有较强的国际性。其可分为具象图形和抽象图形，如图 3-19 和图 3-20 所示。

图 3-19 　美国田纳西州水族馆 　　　　　　　　图 3-20 　东方国际航空公司

（3）图文组合标志

图文组合标志集中了文字标志和图形标志的长处，克服了两者的不足，如图 3-21 和图 3-22 所示。

图 3-21 　图文组合标志（一） 　　　　　　　　图 3-22 　图文组合标志（二）

3.3.4 　标志的构成方法

1. 对称

对称是构成形式美的基本法则之一，是生物体构成的一种规律性表现方式，如图 3-23 所示。

图 3-23 　对称标志

2. 均衡

均衡指在非对称的图形上，达到视觉上的平衡，如图 3-24 所示。

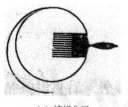

（a）墙纸公司

（b）树木保护协会

图 3-24　均衡标志

3.　反复

反复可分为单纯反复和变化反复。单纯反复指某一造型要素反复出现，从而产生均齐的美感效果，如图 3-25 所示。变化反复是指一些造型要素在平面上采取不同的间隔形式，使反复不仅具有节奏美，还具有单纯的韵律美，如图 3-26 所示。

图 3-25　单纯反复标志

图 3-26　变化反复标志

4.　渐变

渐变指一个图形按照一定的规律进行一种逐渐的变化，如图 3-27 所示。

图 3-27　渐变标志

5.　发射

发射是一种特殊的渐变，指从一点或多点向某方向进行的放射，发射构成的标志很适合表现光感等视幻效果，如图 3-28 所示。

图 3-28　发射标志

6. 添加

在一个或一组有秩序的图形上（外），添加另一个图形，以期打破构图的平板并增加新的意义，如图 3-29 所示。

图 3-29　添加标志

7. 调和

设计某一图形（或框、一组文字等），对一个或一些散乱的图形（或构图）进行调和，使之产生整体感，如图 3-30 所示。

图 3-30　调和标志

8. 突破

在一个（组）平板无奇的图形中突然出现一个图形突破开来，达到"异军突起"的效果，使原设计的构图稳中求变，增加动感和生机，如图 3-31 所示。

图 3-31　突破标志

9. 黑白（正负）

利用一个"实形"或一组"实形"，使之产生黑白对比，赋予新的意义，如图 3-32 所示。

图 3-32　黑白标志

10. 交织

交织是线的构成，一组线有规律性的穿插构成秩序感，交织构成的标志很适合传达通信、交通、网络、纺织品等方面的信息，如图 3-33 所示。

图 3-33 交织标志

11. 立体（空间）

在平面二维空间内，通过透视原理创造虚假的三维空间视觉效果，分为现实空间、矛盾空间，如图 3-34 所示。

图 3-34 立体标志

3.3.5 标志的特点与作用

1. 标志的主要特点

（1）识别性

识别性是企业标志的重要功能之一。在市场经济体制下，竞争不断加剧，公众面对的信息纷繁复杂，各种商标符号更是数不胜数，只有特点鲜明、容易辨认和记忆、含义深刻、造型优美的标志，才能在同业中突显出来。它能够区别于其他企业、产品或服务，使受众对企业留下深刻印象，从而提升标志设计的重要性。

（2）领导性

标志是企业视觉传达要素的核心，也是企业开展信息传播的主导力量，在视觉识别系统中，标志的造型、色彩、应用方式，直接决定了其他识别要素的形式，其他要素的建立都是以标志为中心而展开的。标志的领导地位是企业经营理念和活动的集中体现，贯穿于企业所有的经营活动中，具有权威性的领导作用。

（3）统一性

标志代表着企业的经营理念、文化特色、价值取向，反映企业的产业特点、经营思路，是企业精神的具体象征。大众对企业标志的认同等同于对企业的认同，标志不能脱离企业的实际情况，违背企业宗旨，只做表面形式工作的标志，失去了标志本身的意义，甚至对企业形象造成负面影响。

（4）涵盖性

随着企业的经营和企业信息的不断传播，标志所代表的内涵日渐丰富，企业的经营活动、广告宣传、文化建设、公益活动都会被大众接受，并通过对标志符号的记忆刻画在脑海中，经过日积月累，当大众再次见到标志时，就会联想到曾经购买的产品、曾经受到的服务，从而将企业与大众联系起来，成为连接企业与受众的桥梁。

2．标志的作用

在科学技术飞速发展的今天，印刷、摄影、设计和图像传送的作用越来越重要，这种非语言传送的发展具有了和语言传送相抗衡的竞争力量。标志则是其中一种独特的传送方式。人们看到烟的上升，就会想到下面有火，烟就是有火的一种自然标记。

虽然语言和文字传送的手段已十分发达，但像标志这种令公众一目了然、效应快捷并且不受不同民族、国家、语言、文字束缚的直观传送方式，更适应生活节奏不断加快的需要，其特殊作用仍然是任何传送方式都无法替代的。标志是表明事物特征的记号，它以单纯、显著、易识别的物象、图形或文字符号为直观语言，除标示什么、代替什么之外，还具有表达意义、情感和指令行动等作用。

3.3.6　标志的色彩设计

色彩的实用性，是标志设计在视觉传达中最基本的要求和首要功能，是认知、识别机能设计的中心主题，它能鲜明、准确地表达企业的内涵与特性，在吸引消费者注意力和开拓市场等方面发挥着重要功能。

1．色彩的应用

色彩与眼睛的重要性类似，就像我们的耳朵一定要欣赏音乐一样，很难想象一个没有色彩的世界是什么样子的。色彩能呼唤出人们的情感，能描述人们的思想，因此在标志设计里，与所有的设计一样，适当地使用色彩是非常受关注的。在很多书中已介绍了有关色彩方面的内容，除了色彩的心理表现外，它必须要易于识别，作为背景色，被广泛运用在一系列的图形设计中。而且我们会看到一些在心理上能引起共鸣的著名的代表色，会从该色彩联想到的某些东西。

1）蓝色是最为流行的色彩，它传递和平、宁静、协调、信任和信心。能创造出优秀的标志对一个设计师来说是快乐的。但把蓝色用于食物或烹饪领域，则是一件很糟糕的事情，因为地球上很少有蓝色的食物，它只会抑制人们的食欲。

2）把暖色调和冷色调（如绿色）放在一处，会让人有抑郁的感觉，蓝色和中性颜色（如灰色或米色）是很好的问候色，但是要谨慎使用橙色和蓝色，因为这两种颜色搭配会产生负效应，给人不稳定感。

3）米色是中性色，暗示着实用、保守和独立，它可能会让人感到无聊和平淡，但是作为图形背景色来说是朴实的，正如褐色与绿色、蓝色与粉色一样。米色作为背景色是很好的，它有助于读者最大限度地读懂设计内容。

4）黑色被广泛地认为是悲哀、严肃和压抑的颜色，但它也有积极作用，如它也被认为是经历丰富和神秘的色彩。把黑色作为主色调时要非常谨慎，如果准备设计儿童书店，则黑色就是最坏的选择，但如果准备设计摄影棚或画廊，则黑色可能是最佳选择，毕竟对于艺术家来说，黑色是最有魅力的色彩。

5）褐色是另一种保守的颜色，表现稳定、朴素和舒适。和黑色一样，如果不能正确地使用褐色，将会非常令人讨厌。在有些场合，褐色还能表达健康的理想和家庭的户外活动。

6）绿色要非常谨慎地使用，因为对大多数人来说，它会产生一种强烈的感情，有积极的也有消极的作用。在某些情况下，它是友好的色彩，表示忠心和聪明。绿色通常用于财政、卫生、保健领域，但在很多人内心深处，它常被比做嫉妒、卑鄙。

7）在多数情况下，灰色有保守意味，它代表实用、悲伤、安全和可靠性。它也许是令人厌烦的颜色，代表形式古板、无生命力。把它作为背景是极不合适的，除非想把暗淡和保守的思想传达给自己的顾客。最好选择其他中性色做背景色，如浅褐色和白色。但是如果灰色适当用一种冷色调和，如表现抑郁、沮丧等，也许会成功。

8）紫色是一种神秘的色彩，象征皇权和灵性，在非传统和创造性方面，它是很好的选择。

9）橙色是暖色调，寓意热心、动态和豪华。如果要表现艳丽而引人注目，则可使用橙色。作为一种突出色调时，它可能刺激受众的情感，因此最好节约使用，把它放在外表突出的位置即可。

10）红色是最热烈的颜色，表达热情和激情。热与火、速度与热情、慷慨与激动、竞争与进攻都可用红色体现。它有时也是刺激的、不安宁的颜色。但红色最好不要与褐色、蓝色、浅紫色一起使用。

2. 色彩功能与形象的关系

1）色彩与形象互为存在的条件，装饰色彩的作用不可能脱离它所塑造及美化的形象。

2）色彩功能与形象功能有统一的时候，也有互相影响和削弱的时候。

3. 色彩与内容的表现

色彩的生理作用与心理作用常常是无法分开的，尤其是打破了视觉生理平衡而表现出某种色相的色调，会产生不平常的生理刺激直接造成感情影响。唯有色彩与表现的内容与情感统一才能最充分地展示色彩的作用。

4. 标志的色彩设计

（1）单色设计

标志可以是一个大到几层楼的户外装饰，也可以是小到名片上表现的视觉艺术形象，以至于广大设计师在标志设计时均想尽可能地使标志的面积和范围得到充分的体现。而这一视觉表现要求的最佳表现方式莫过于单色的使用。单色的优势是轮廓清晰、色彩饱和、明确有力、简洁明了。所以，在传统企业中，大多采用单色标志的表现形式，为的是使造型清晰和鲜明独特，也便于产品推广阶段制作手段的不同要求。如"可口可乐"标志的单色红，结合"S"形飘带，充满激情与活力；香港汇丰银行的标志是抽象几何图形组成的"H"，红色寓意热情、活力和希望等。

（2）基本色构成设计

标志讲究的是强烈、醒目的视觉效果，标志设计中原色的表现尤为重要，其饱和度高，视觉冲击力强，丰富艳丽。所以，在标志设计中常用色环中的基本色彩，以及原色（物质颜料，如红、黄、蓝；光，如红、绿、蓝）或类似基本色构成的例子很多，根据基本色的自身属性及其构成特征，这样设计的标志色，往往会产生丰富艳丽、激情活泼、快乐向上等视觉感觉和心理感受，适用于运动会、艺术、儿童等机构或相关产品品牌的标志设计。在运用的时候要注意避免产生混乱，可从图形的面积上进行合理配置。在设计中，常用两色搭配构成，也可用三色搭配构成。

（3）多色构成设计

到目前为止，一些著名的大型机构、企业仍使用较少的色彩来体现其实力。统一、厚重的视觉印象，这是值得重视的现象，这说明了简洁、快捷对企业的重要性。但随着社会企业的发展、壮大，过去企业、机构的标志常用的单色或双色设计似乎难以表达其个性和特征，容易产生雷同，不易识别。在新环境中，多色的标志越来越多，似有成为潮流、趋势的可能。

（4）色彩渐构设计

色彩的渐变表现可以产生光感、空间感与运动感等效果，这是其表现的优势所在，也是平涂色彩不易达到的特殊效果。在新的环境中，这种色彩渐构的表现形式也越来越多地出现在标志设计中，似乎已经成了一种设计色彩的趋势，如中国 2008 年申奥标志的设计及多届运动会标志的设计等。色彩的渐构设计在表现的时候一般有两种：一是色彩的等级渐变，产生律动和节奏感；二是色彩的晕染表现，产生光晕、空间和立体感。

（5）色彩异构设计

色彩异构是在统一或一致的色彩画面中出现不同的变异色彩，即在有秩序的色彩表现中出现少数或极少数的违反秩序的色彩因素，使色彩设计统一中有变化、变化中有共性。

运用于标志设计中，色彩的异构表现部分是标志设计中概念传达与视觉表现的核心，能很好地突出设计主题，有效地打破单调的格局。在异构表现中，变异形应保持相对稀少，一般只有一个，这样有利于突出设计的视觉中心，加强感染力。但设计中变异形不能太小，太小了缺乏醒目性，影响主体的表现，不能充分表达标志的意念和内涵。

3.3.7 标志的构思与创意

1. 构思方向

1）以对象为特征的创意：在构思中直接、明确地传递信息，抓住对象的第一特征。

2）以对象名称字首为主的创意设计：不论是汉字还是外文，取其字首进行创意制作，独具视觉特征。

3）用对象的全名组合创意：要强化对象和品牌的印象，加深受众的大脑记忆与视觉识别。

4）形象化创意设计：主要是从对象特征上找出象征性图形，借助概念化的图形准确表达对象的内涵。

5）联想创意：一种通过抽象思维，使人们一见到奇妙的图形便很快联想到标志的创意，它用视觉化的语言去体现图形符号。

6）从经营的内容上思考创意：可以从经营项目、产品属性等来概括图形符号，使标志切入主题，形象生动。

7）从企业精神、文化理念上创意设计：从企业的精神和文化理念入手，概括、提炼出标志设计，更突出了企业的内在精神。

8）从历史典故和地域特征上创意设计：涵盖了特定历史条件下所产生的人与事，创造出极富个性和人文思想的形象设计。

9）社会特性的图形创意：不同的背景会产生不同的图形，如国家形象、民族形象、传统形象、象征图形等都带有一定的社会特性。

2. 构思与源点

（1）构思源点的水平发展

为便于比较，先设定 5 个以上的源点，以水平方向展开构思，可获得不同的表现方法和形式。

（2）构思源点的纵向发展

纵向展开可派生出不同形式和特点的草图，如果每个源点派生出 5 个具体方案的草图，则总量不少于 30 个创意方案。

（3）展开单向的创意模式

可以产生相当数量的同类型方案，构思方向开始不受限制，沿着系统化模式理顺构思，便会得到很多启示，产生很多方案。

（4）综合方案创意

综合比较，寻找出相对理想的系统，整体综合考虑，产生优化后的标志设计，可供用户选择。

（5）形象的选择性

准确表达意念，选择时要有敏锐的观察力，从整体思考，突破常人形象思维和常见印象模式，发掘形象的内在特征，使其具有深刻的寓意。

（6）形象的典型化

认识、观察、抓住特点，权衡、选择、提炼形象。

（7）联想的技巧

创造有意味的图形让人们思考，如因果联想、推理联想、印象联想、反向联想、要素联想、类似联想、差异联想等。

（8）设计语言

设计语言的表达形式和概念，表达富于鲜明而简洁的意图，在视觉形象中获得符号的感受。

（9）蒙太奇表现手法

经过剪接，两个互不关联的事物形成一种内在联系，产生新的含义。

（10）符号的个性化

不同国家、地域、民族的图形符号各不相同，随着文化发展而延续，标志在表达上非常有个性。

3. 标志构思创意实例分析

（1）中国联通标志

该标志由中国古代吉祥图形"盘长"纹样演变而来。迂向往复的线条象征着现代通信网络，寓意着信息社会中联通公司的通信事业井然有序而又迅达通畅，同时代表着联通公司事业的蒸蒸日上。该标志造型中所蕴含的"四通八达"、"六六大顺"和"十全十美"之意，体现了中国传统文化的精髓。标志有两个明显的上下相连的"心"，展示联通公司的宗旨，即"通信，通心，永为用户着想，与用户心连心"，标志洋溢着浓重的民族情结，散发着祥瑞之气，如图 3-35 所示。

图 3-35　中国联通标志

（2）上海世博会会徽

上海世博会会徽形似汉字"世"，在中文中可理解成"世界"，也有"世博会"的含义。"世"与数字"2010"及英文书写的"EXPO"、"SHANGHAI　CHINA"巧妙组合，表现出强烈的中西合璧、多元文化和谐融合的意境，绿色的基调富有生命活力和创造激情。

该标志中的三个人可以抽象概括为由"你、我、他"组成的全人类。它用中国的国粹书法表达出世博会"理解、沟通、欢聚、合作"的理念，传达出上海世博会是一次全人类的和平盛会的信息，如图 3-36 所示。

图 3-36　上海市博会会徽

3.3.8　标志设计的艺术表现手法

1. 肌理

肌理是利用物体的自然形态和纹理，通过设计者的眼光去合理表现，增加图形感，在视觉上产生的一种特殊效果，如图 3-37 所示。

图 3-37　肌理

2. 叠透

叠透能使标志图形产生三维空间感，通过叠透处理产生实形和虚形，增加了标志的内涵和意念，图形的巧妙组合与表现使单调的形象丰富了起来，如图 3-38 所示。

图 3-38　叠透

3. 共同线形

共同线形的标志特点是共有、互助，你中有我，我中有你，互存互依。世界是一个不可分离的整体，人类与自然的关系是共生存、求发展的辩证关系，如图 3-39 所示。

图 3-39　共同线形

4. 折

在图形中运用折的手法，能产生厚度、叠加、连带、节奏感。折在标志中能体现出实力、组合、发展和方向的内涵。折所表达的意念相当明确，语言简练、图形清晰生动，如图 3-40 所示。

图 3-40　折

5. 旋转

旋转具有揭示人类发展轨迹的图形模式。旋转图形从古到今体现了圆满、团圆、平等与和谐，它具有中心基点和辐射张力，并能不断创造丰富多彩的图形语言，如图 3-41 所示。

图 3-41　旋转

6. 显影形

显影形是有意味的图形，设计师通过巧妙构思将两种形象有机地融合在图形之中。读者在观察图形时，首先看到的是实形，然后会发现虚形，如图 3-42 所示。

图 3-42　显影形

7. 相让

标志中的相让手法，体现出了大度、谦让的效果，让图形按规律"各行其道"，如图 3-43 所示。

图 3-43　相让

8. 交叉

在时间和空间上交叉产生了数不清的视觉层次，它丰富了大千世界。交叉能产生特殊的结构，复杂的关系，连带的意味，如图 3-44 所示。

图 3-44　交叉

9. 分离

通过割裂、挤压、错位、附合等变化把一个原来完整的形象打破，构成全新的形象。标志中使用分离手法给人以悬念与期盼，产生疑惑之感，目的在于引起大众的注意，如图 3-44 所示。

图 3-45　分离

10.　积集

积集靠某种形态的重复获得吸引力。在手法上有方向、位置、正反、集散等变化,通过积集可构成强烈的冲击效果,如图 3-46 所示。

图 3-46　积集

11.　错觉利用

视觉产生的图形是合理的,错觉所形成的图形同样存在。俗语说"凡是存在都是合理的",错觉利用了人的眼睛差,如图 3-47 所示。

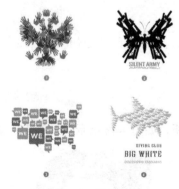

图 3-47　错觉利用

3.3.9　标志设计的发展方向

1.　绿色设计

绿色化思想是 21 世纪设计的主题,绿色形成了优良环境及生命健康的主题。绿色设计的出现,给当代视觉艺术提出了一个严肃的课题。绿色设计延伸到标志设计中,无论是意念还是表现，都会给图形带来新的生命内涵。

2. 仿生设计

所谓仿生，是指借助自然来认识生态的现象，从模仿自然生物的行为中启迪人类。标志中运用仿生设计，实质上是从自然界中获取生态的灵感，发现标志中的生命图式。面对装饰化的图形格局，标志创意选择了自然现象中最优美的图形进行提炼、加工，从形态模拟系统加以创造。

3. 人性化设计

随着时代的发展，人们的审美观念悄然改变。一方面，完善实用功能，从需求上获得满足；另一方面，顺应现代审美潮流，追求美的情调。标志中的人性化思想，实际上是对图形时尚主流在视觉化中的注释。

4. 时空化设计

科技进步和全球信息化，从某种意义上缩短了时空差，人脑的想象随着时空概念变化而延伸，平面设计走出了二维向三维或多维思考，图形的时空化与科技手段为我们展现出了丰富的空间符号。

5. 朴素设计

这种设计中大胆运用简洁元素，朴实的设计语言，自然轻松的表现手法，无疑具有永恒的生命力。标志以深刻的哲理思想，质朴的处理形式，让百姓得到理解，这是很好的沟通方式。

6. 随意形态设计

通常标志被当做某种象征符号，而被赋予至高无上的精神理念，而过于表现集权化的形象会使大众感到严肃和拘谨。在充满活力的时代，设计是全方位的，设计师应力求从多维丰富图形语言，改变大众对标志的原有印象。

7. 高科技设计

利用高科技思想去扩展标志的思维空间，其目的是加大它的内存，存储相关的信息与应用能量。

8. 个性化设计

个性化即设计师对标志的独到理解，真实反映他们对标志个性差异的理解。

3.3.10　标志设计赏析

1）皮尔·卡丹商标设计赏析，如图 3-48 所示。

图 3-48　皮尔·卡丹商标设计赏析

皮尔·卡丹的产品在全世界拥有 400 多个商标代理合同，在 130 多个国家生产和销售，直接从业人员达到 20 万人。这些都是在卡丹先生的直接策划和指挥下取得的，他是这部巨大商业机器的唯一老板。

　　法国的高档时装价格昂贵，绝对不是普通消费者能够承受的。而普通消费者穿着的一般是成衣，即由工厂大批量生产的系列服装，成本虽然下降了，但是艺术性却难以得到保证，卡丹先生开创先河，让高档时装走下了 T 台，成为第一个生产高档时装的设计师。十数年后，世界各大时装品牌几乎都走上了卡丹先生开创的道路：制作成衣。不同的是，卡丹先生已经利用他的勇敢得到了"先机"，让带有"皮尔·卡丹"商标的产品占领了世界市场。

　　该标志中字母"P"与"C"的完美结合，将文字以艺术符号的形式展现出来。其标志采用英文"Pierre Cardin"的首字母"PC"为创意源头，正形"P"与负形"C"的相互交织，对比强烈，映衬出男服挺拔、女服柔美的品牌特征。

　　2）欧米茄设计赏析，如图 3-49 所示。

图 3-49　欧米茄设计赏析

　　享誉全球的欧米茄手表诞生于瑞士，拥有超过 150 年的悠久历史。时光的流转，岁月的变更，缔造了一个钟表品牌的传奇。由瑞士钟表匠路易仕·勃兰特始创于 1848 年的欧米茄经过了上百年的积淀，凭借其先进的科技和精湛的技艺，稳居钟表业的领先地位。

　　欧米茄（Ω）是希腊文的最后一个字母，它象征着事物的开始与最终，该标志代表了完美、极致的非凡品质，诠释出欧米茄追求卓越品质的经营理念和崇尚传统并勇于创新的精神、风范。

　　该标志以弧形曲线为主要工具，勾画出了符号的外形。欧米茄标志以希腊字母"Ω"为造型主体。"Ω"字内外弧度的刻意变化，给人一种精密考究的感觉。

　　另外，"Ω"酷似表带，揭示出主题内涵。标志造型优美，极具标识性，充分体现了高超的制表技艺与高贵典雅的造型设计的完美结合。

任务 4　Photoshop CS5 相关知识

3.4.1　图层的基本应用

　　层是非常重要的概念，它是构成 Photoshop CS5 中图像处理的重要组成单位，可以说是 Photoshop 的核心，几乎所有的应用都是基于图层的，很多强劲的图像处理功能也是图层提供的，可以通过对图层的直接操作而得到很多特效，并且方便快捷。学会使用图层，是学习 Photoshop CS5 的关键，只有掌握了图层的使用技巧，才可以说掌握了 Photoshop CS5 的使用，所以在本任务中将介绍相关的图层技巧。

1．图层特性

图层，就是一层一层叠放的图片。实际上，图层就像是含有文本或图像等元素的一张透明的玻璃纸，将这样一张张透明的纸张按顺序叠放在一起，就是图层的堆叠关系。图层上没有图像的区域会透出它下面一个图层的内容，每个图层都是相对独立并可编辑的，通过对每个图层中的元素进行编辑、精确定位，堆叠起来就可以合成一幅完整的图画。

图层具有透明性、独立性和遮盖性 3 个特点。

（1）透明性

默认情况下，最底层为不透明的"背景"图层，居于其上面的图层在新建时都是没有颜色的透明图层。用户可以在新图层中加入文本、图片、表格、插件，也可以在其中再嵌套图层，只要这个图层还有透明区域，就可以透过图层的透明区域看到其下面的图层。

（2）独立性

每个图层都可以独立编辑，用户可以对每个图层中的文本和图像进行移动、修改、删除、添加特效，这些操作对其他图层的内容没有影响。

（3）遮盖性

当某个图层被加入内容后，有颜色的区域就会遮盖其下面图层的内容。可以通过调整图层的堆叠顺序来选择要显示的图像部分。

2．"图层"面板

编辑图层的大部分工具集中在"图层"面板及"图层"菜单中，通过面板和菜单中的命令，可以实现对图层的创建、移动、复制、合并、链接、删除等操作。相对而言，使用"图层"面板方便、快捷，更易操作。

默认情况下，"图层"面板位于工作界面的右下方，可以使用"窗口"菜单或按"F7"键显示和隐藏"图层"面板。下面来了解一下"图层"面板的组成，如图 3-50 所示。

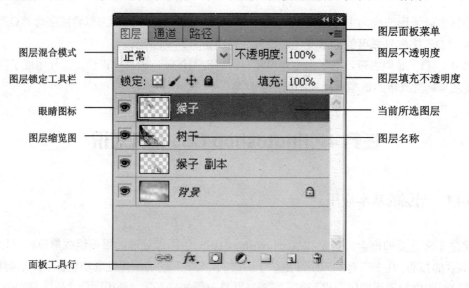

图 3-50　"图层"面板

"图层"面板中各部分的功能如下。

1) 图层混合模式: 用于设置当前图层与下一图层颜色合成的方式, 不同的合成方式会得到不同的效果。

2) 图层锁定工具栏: 可以将图层编辑的某些功能锁住, 避免损坏图层中的图像。各按钮的功能如下。

① 锁定透明像素▨: 对某一图层锁定该项, 可以将编辑操作限制在该图层的不透明部分, 相当于保留透明区域。

② 锁定图像像素✐: 对某一图层锁定该项, 可以防止使用绘画工具修改该图层的像素。

③ 锁定位置✛: 对某一图层锁定该项, 可以防止移动该图层的像素, 不能进行移动、自由变换等编辑操作, 但可以进行填充、描边、渐变等绘图操作。

④ 锁定全部🔒: 单击该按钮, 则完全锁定图层的任何绘图操作和编辑操作, 如删除图层、图层混合模式、不透明度和滤镜等。

3) 图层面板菜单: 单击该按钮, 将弹出一个下拉菜单, 显示对图层编辑的一些主要操作, 如图 3-51 所示。

图 3-51　图层面板下拉菜单

4) 图层不透明度: 用于设定当前图层的不透明度。图层的不透明度决定了它遮蔽或者显示其下面图层的程度。不透明度为 0% 的图层是完全透明的, 而不透明度为 100% 的图层则完全不透明。

5) 图层填充不透明度: 用于设定当前图层内填充像素的不透明度。填充不透明度会影响图层中绘制的像素或者图层上绘制的形状。它与图层不透明度的区别是, 图层不透明度对于应用于该图层的图层样式和混合模式仍然有效, 但填充不透明度对于已应用于该图层上的图层效果没有影响。

6) 眼睛图标: 单击某一图层左侧的 "眼睛" 图标, 可以用来显示或隐藏该图层, 图标出现代表图层是可见的, 反之则不可见。

可以按住 "Alt" 键, 单击某一图层的 "眼睛" 图标, 在图像编辑窗口中只显示该图层, 再次按住 "Alt" 键, 单击 "眼睛" 图标, 即可重新显示所有的图层。

7) 图层缩览图: 以缩小的方式显示图层中的内容。按住 "Ctrl" 键, 单击某一图层的 "图层缩览图"，即可载入该图层的像素作为选区。

8）当前所选图层：以蓝色显示的图层就是当前所选图层。

9）图层名称：默认情况下，新建的图层以"图层 1"、"图层 2"命名，用户为了方便操作，可以对图层进行重命名，双击原有的图层名即可进行图层名称的编辑。

10）面板工具行：用于显示与图层有关的主要工具按钮，各按钮功能如下。

① 链接图层 ：可以将两个或更多个图层链接在一起，对这些图层中的内容进行统一操作，如移动操作。

② 添加图层样式 ：可以为某一图层中的内容添加特效，如添加投影、发光、阴影等效果。

③ 添加图层蒙版 ：可以对某一图层添加图层蒙版，以便更好地编辑图层。

④ 创建新的填充或调整图层 ：可以创建填充图层或调整图层。填充图层可以创建用纯色、渐变或图案填充的图层，不会影响它下面的图层。调整图层可以创建调整颜色和色调的图层，用来影响它下面的图层的颜色和色调效果。

⑤ 创建新组 ：可以把多个相关的图层分成一组，方便管理，简化操作。

⑥ 创建新图层 ：可以新建和复制图层。单击该按钮可以创建一个空的图层。也可以按住"Ctrl"键，拖动所选的图层到 按钮，完成图层的复制操作。

⑦ 删除图层 ：可以将所选择的一个或多个图层删除。

3．图层的分类

打开一个分层的图像文件，会看到图层有多种不同的形式，如图 3-52 所示。不同形式的图层有各自的特点。

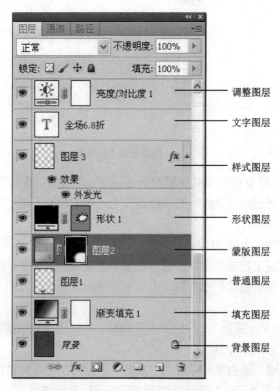

图 3-52 　"图层"面板

（1）普通图层

普通图层是最基本的图层类型，是最常用的图层，几乎所有的 Photoshop 功能都可以在这种图层上得到应用。

普通图层是创建新图层时默认的图层类型，而且新建的图层都位于当前层的上面，并成为新的当前层。

（2）背景图层

背景图层始终位于"图层"面板的最底层，作为图像的背景。背景图层是一个特殊的不透明图层，用户不能对其应用"混合模式"、"不透明度"、"填充不透明度"的调整。该图层是被锁定的，无法更改图层顺序、移动图层位置和解除锁定。

图像中可以没有背景图层，但是不可以有两个或两个以上的背景图层，如果想对背景图层的内容进行修改，则可以将其转换为普通图层后再进行编辑，方法是双击背景图层，打开"新建图层"对话框，如图 3-53 所示。

也可以将普通图层转换为背景图层，方法是执行"图层-新建-背景图层"命令。

图 3-53　"新建图层"对话框

（3）文字图层

在工具箱中选择文字工具输入文字以后，会自动新建一个文字图层。默认情况下，以当前输入的文本内容为图层的名称。文字图层含有文字内容和文字格式，可以反复修改和编辑。

文字图层比较特殊，不可以使用工具来着色和绘图，如画笔工具、橡皮擦工具等，需要将文字图层进行"栅格化"后转换为普通图层，再进行更多的编辑。

（4）形状图层

形状图层是使用矢量工具绘制矢量形状时创建的图层。例如，在工具箱中选择形状工具或者路径工具绘图后，即会建立形状图层，如图 3-54 所示。在形状图层中，形状会自动填充当前的前景色，形状图层在"图层"面板中包括一个图层缩览图和矢量蒙版缩览图，它们默认是链接在一起的，以共同形成该图层的图像效果。

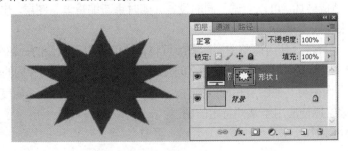

图 3-54　新建形状图层

形状图层与文字图层类似，需要把形状图层转换为普通图层后再使用更多的命令进行编辑，方法是执行"图层-栅格化-形状"命令。

（5）蒙版图层

蒙版是用于保护或者隔离图层图像的，可以利用蒙版屏蔽图像中不想要的部分或者制作朦胧图像效果等。蒙版是必须附加在图层之上的，这样也就构成了蒙版图层。

（6）调整图层

调整图层是用来进行图像调整的图层，单击"图层"面板下方的工具按钮 ，即可创建调整图层，如图 3-55 所示。

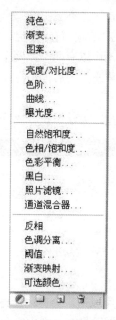

图 3-55　创建调整图层

Photoshop CS5 提供了很多调整命令，可以通过执行"图像-调整"命令来完成，但是仅应用于所选择的某一个图层，并且会永久改变图层中的图像。调整图层会在单独的图层上设置调整命令，然后作用于其下面的所有图层。例如，可以创建"色阶"调整图层，而不是直接在图像上调整"色阶"。该图层下面的所有图层都应用了"色阶"调整效果。同时，不同的调整命令可以建立各自的调整图层，使修改更有弹性，确保图像的品质。

调整图层提供了以下优点。

1）编辑不会造成破坏。可以尝试不同的设置并随时重新编辑调整图层。也可以通过降低该图层的不透明度来降低调整的效果。

2）编辑具有选择性。使用调整图层的蒙版可将调整仅应用于图像的一部分。

3）能够将调整应用于多个图像。在图像之间复制调整图层，以便应用相同的颜色和色调调整。

调整图层具有许多与其他图层相同的特性。可以改变调整图层的不透明度和混合模式，也可以将调整图层编组以便应用于某些特定的图层。

4. 图层的基本操作

（1）选择图层

选择图层主要有以下几种方式。

1）单击右侧的"图层"面板中的图层名称即可。

2）选择工具箱中的移动工具，在画面上右击，会弹出鼠标指针所在处的图层名称，选择该名称即可。

3）使用工具箱中的移动工具，在工具选项栏中勾选"自动选择"复选框，在下拉菜单中执行"图层"命令，在画面上单击即可选取画面所在的图层。

也可以同时选择多个图层，对它们进行统一修改和调整，方法如下。

① 按住"Shift"键，单击所要选择的第一个和最后一个图层，可以选择连续的多个图层，如图 3-56 所示。

② 按住"Ctrl"键，单击所要选择的任意图层，可以选择不连续的多个图层，如图 3-57 所示。

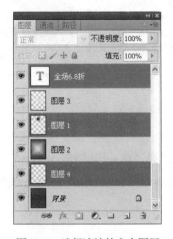 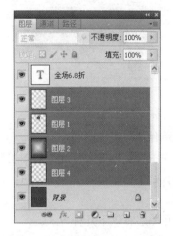

图 3-56　选择连续的多个图层　　　　　　图 3-57　选择不连续的多个图层

③ 要选择所有图层，可以按"Alt+Ctrl+A"组合键。

④ 要选择所有相似类型的图层（如要选择所有文字图层），可以先选择其中一个图层，然后执行"选择-相似图层"命令。

取消选择图层的方法如下。

① 要取消选择某一个图层，按住"Ctrl"键，单击所要取消的图层即可。

② 要取消选择所有图层，可以执行"选择-取消选择图层"命令。

（2）调整图层叠加次序

由于图层具有遮盖性，因此经常需要调整图层次序来显示和遮盖部分图像。

调整图层的叠加次序的方法如下。

1）选择要移动的图层，拖动鼠标左键移动到所要调整的位置，如图 3-58 所示，该图表示将图层 4 移动到图层 1 的上面。

2）可以执行"图层-排列"子菜单中的命令，为所选图层调整顺序，如图 3-59 所示。

3）要反转选中的图层顺序，可以先选中至少两个图层，然后执行"图层-排列-反向"命令。

图 3-58　调整图层顺序

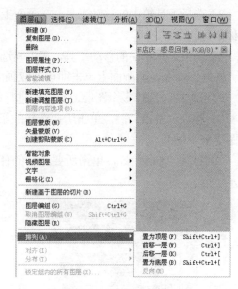

图 3-59　"排列"子菜单

（3）合并与拼合图层

合并图层是指将所有选择的图层合并成一个图层。可以通过合并图层来简化对图层的管理，并且缩小图像文件的大小。图层的合并是永久行为，在进行存储操作后，不能恢复到未合并时的状态。

合并图层有以下几种方式。

1）选择要合并的多个图层，执行"图层-合并图层"命令，或者按"Ctrl+E"组合键。

2）要合并相邻的两个图层，选择上一个图层，执行"图层-向下合并"命令，或者按"Ctrl+E"组合键，该图层会与其下面的一个相邻的图层合并。

3）要把所有可见的图层合并，可以按"Shift+Ctrl+E"组合键。

拼合图层可以大大缩小文件的大小，是将所有可见图层合并到背景中并删除隐藏图层的操作。方法是执行"图层-拼合图像"命令，或者在"图层"面板菜单中执行"拼合图像"命令。

（4）图层编组

当图像文件中的图层过多难以管理时，图层组可以帮助用户管理和组织图层，也可以通过调整图层组的位置来改变图像的效果。对图层编组的好处是可以对同一组的所有图层进行统一的操作。

创建新组的方法如下。

1）执行"图层-新建-组"命令。

2）执行"图层"面板菜单中的"新建组"命令。

3）单击"图层"面板下方的"创建新组"按钮 。

将图层添加到组的方法如下。

1）在"图层"面板中选择已有的组，单击"图层"面板下方的"创建新图层"按钮 ，即可在该组中新建图层。

2）选择图层，按住鼠标左键将图层拖动到组文件夹中。

3）将组文件夹拖动到另一个组文件夹中，该组及组中的所有图层也会相应地移动过去。

4）选择图层或者组，执行"图层-图层编组"命令或按"Ctrl+G"组合键，可以自动创建新组，并将所选图层或者组添加到新组中。

（5）图层的对齐与分布

在图像绘制过程中，有时需要将图层中的内容按照一定的方式对齐或分布，使画面更加整齐。Photoshop CS5 中对齐与分布图层主要有"顶边"、"垂直居中"、"底边"、"左边"、"水平居中"、"右边" 6 种方式。

1）图层的对齐操作。可以将多个图层中的图像对齐，具体步骤如下。

① 打开原始文件"对齐图层"，选择要对齐图像的多个图层，如图 3-60 所示。

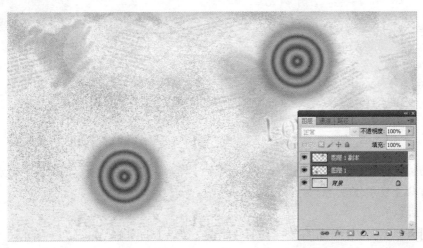

图 3-60　原文件

② 执行"图层-对齐"命令，在子菜单中选择一种对齐方式，如图 3-61 所示。

③ 选择"顶边"对齐，效果如图 3-62 所示。

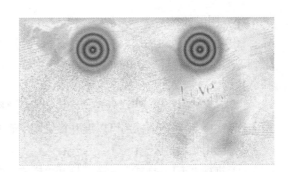

图 3-61　"对齐"子菜单　　　　　　　图 3-62　"顶边"对齐效果

也可以将多个图层中的内容与选区对齐，具体步骤如下。

① 创建一个选区，如图 3-63 所示。

② 选择一个或多个要对齐的图层。

③ 执行"图层-将图层与选区对齐"命令，在子菜单中选择一种对齐方式即可。选择"顶边"对齐方式的效果如图 3-64 所示。

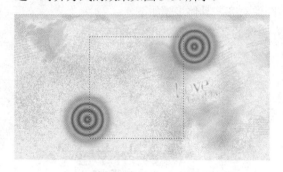

图 3-63　创建选区

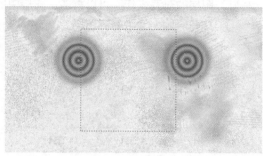

图 3-64　图层与选区"顶边"对齐效果

2）图层的分布操作。图层的分布是指各图层中内容按照起点和终点的位置平均分布。至少 3 个或 3 个以上图层才能进行分布操作。

具体步骤如下。

① 打开原始文件"分布图层"，选择 3 个或 3 个以上的图层，如图 3-65 所示。

② 执行"图层-分布"命令，在子菜单中选择一种分布方式即可。选择"顶边"分布方式的效果如图 3-66 所示。

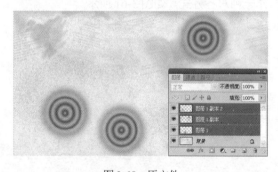

图 3-65　原文件

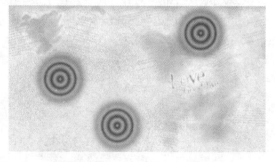

图 3-66　"顶边"分布效果

（6）图层样式

图层样式可以对图层中的内容快速应用特殊效果，通过添加投影、发光、浮雕等效果可以得到玻璃、金属等样式。Photoshop CS5 内置了预设样式可供选择，也可以自定义图层样式。

应用了图层样式的图层就是"样式图层"，"图层"面板中图层名称右边会出现 *fx* 图标，可以展开样式用于查看和编辑。

1）应用预设样式。

① 执行"窗口-样式"命令，打开"样式"面板，在面板中进行选择，如图 3-67 所示。

图 3-67　"样式"面板

② 执行"图层-图层样式-混合选项"命令，打开 "图层样式"对话框，然后选择对话框中的样式选项（对话框左侧列表中最上面的选项），如图 3-68 所示。

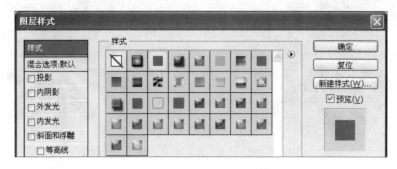

图 3-68　　"图层样式"对话框

③ 双击"图层"面板中图层名称右侧的空白区域，即可打开"图层样式"对话框。应用了图层样式的图层就是"样式图层"，"图层"面板中图层名称右边会出现 fx 图标，可以展开样式以进行查看和编辑。

2）创建图层样式。可以根据用户需要自定义图层样式，创建图层样式的具体操作步骤如下。

① 打开原文件"图层样式"，选择要添加图层样式的图层，如图 3-69 所示。

② 打开"图层样式"对话框，方法主要有以下几种。

a. 执行"图层-图层样式"命令，在子菜单中选择一种样式。

b. 单击"图层"面板下方的"添加图层样式"按钮 fx，选择一种样式。

c. 双击"图层"面板中图层名称右侧的空白区域，打开"图层样式"对话框。

图 3-69　原文件

③ 在"图层样式"对话框中选择效果，并设置各项参数，单击"确定"按钮完成设置。下面逐一介绍各种样式的效果。

a. 投影：可以在图像后面添加投影效果，如图 3-70 所示。

b. 内阴影：可以在图像内侧添加阴影效果，如图 3-71 所示。

图 3-70　"投影"效果　　　　　　　　　　　图 3-71　"内阴影"效果

c. 外发光：可以为图像添加从边缘向外发光的效果，如图 3-72 所示。

d. 内发光：可以为图像添加从边缘向内发光的效果，如图 3-73 所示。

图 3-72　"外发光"效果　　　　　　　　　　图 3-73　"内发光"效果

e. 斜面和浮雕：可以根据图像形状为图像创建立体感和浮雕的效果，如图 3-74 所示。

f. 光泽：可为图像创建光滑的内部阴影，如图 3-75 所示。

图 3-74　"斜面和浮雕"效果　　　　　　　图 3-75　"光泽"效果

g. 颜色叠加：可以为图像填充颜色，如图 3-76 所示。

h. 渐变叠加：可以为图像填充渐变效果，如图 3-77 所示。

图 3-76　"颜色叠加"效果　　　　　　　图 3-77　"渐变叠加"效果

i. 图案叠加：可以为图像填充图案，如图 3-78 所示。

j. 描边：可以为图像描边，如图 3-79 所示。

图 3-78　"图案叠加"效果　　　　　　　图 3-79　"描边"效果

（7）图层混合模式

图层混合模式是指将当前图层中的像素与其下面图层中的像素以一种模式进行混合，简称图层模式。图层混合模式是 Photoshop CS5 中最核心的功能之一，也是在图像处理中最为常用的一种技术手段，使用图层混合模式可以创建各种图层特效。

具体操作步骤如下。

① 打开原文件"图层混合模式"，选择要使用图层混合模式的图层，如图 3-80 所示。

② 在"图层"面板的"正常"下拉菜单中选择一种图层混合模式即可。

Photoshop CS5 中有 27 种图层混合模式，每种模式都有各自的运算公式。因此，对同样的两幅图像，设置不同的图层混合模式，得到的图像效果也是不同的。图层混合模式按功能大致分为 6 种，如图 3-81 所示。

a. 基础类：利用图层的不透明度和图层填充值来控制下层的图像，达到与底色溶解在一起的效果，"溶解"效果如图 3-82 所示。

b. 降暗类：通过滤除图像中的亮调部分，达到将图像变暗的目的，"正片叠底"效果如图 3-83 所示。

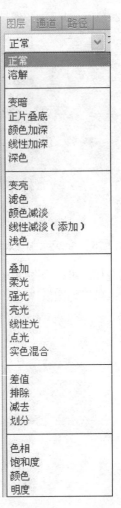

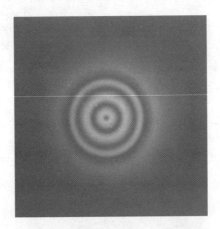

图 3-80　"图层混合模式"素材图像

图 3-81　图层混合模式

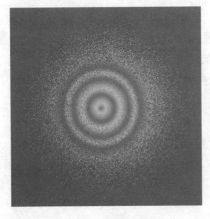

图 3-82　"溶解"效果

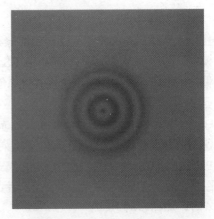

图 3-83　"正片叠底"效果

c. 提亮类：通过滤除图像中的暗调部分，达到将图像变亮的目的，"变亮"效果如图 3-84 所示。

d.　融合类：可以将图像进行不同程度的融合，"叠加"效果如图 3-85 所示。

e.　色异类：可以为图像制作另类、反色的效果，"差值"效果如图 3-86 所示。

f.　蒙色类：可以使上层图层的颜色信息，不同程度地映衬下面图层的图像，"明度"效果如图 3-87 所示。

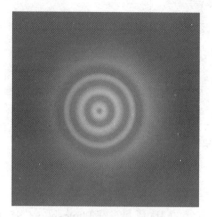

图 3-84　"变亮"效果

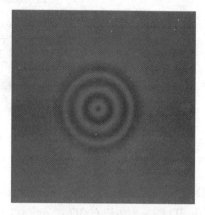

图 3-85　"叠加"效果

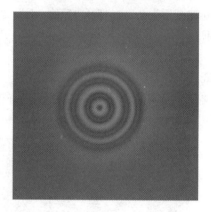

图 3-86　"差值"效果

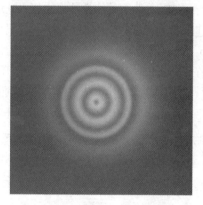

图 3-87　"明度"效果

3.4.2　图层的高级应用

1.　盖印图层

盖印图层就是将图像处理的所得效果盖印在一个新的图层上，新图层上的图像实际上是图层合并后的效果。

由于盖印图层会重新生成一个新图层，不会影响到原有图层，所以它与合并图层相比更好用，因为如果用户觉得处理的效果不太满意，可以删除盖印图层，之前所做的图层依然存在，可以继续编辑修改。这样就极大地方便了用户处理图片。

具体操作方法如下。

1）要盖印所选择的多个图层，可以按"Ctrl+Alt+E"组合键完成盖印图层。

2）要盖印所有可见图层，可以按"Shift+Ctrl+Alt+E"组合键完成盖印可见图层，盖印效果如图 3-88 所示。

图 3-88   "盖印可见图层"效果

2. 3D 图层

3D 图层（三维图层）是建立在 2D 图层（二维图层）基础上的，增加了深度方向上的一个变化。在 3D 图层中可以对 3D 对象进行渲染，得到较真实的 3D 场景。在 Photoshop CS5 中，可以通过导入 3D 文件建立 3D 图层，也可以直接创建 3D 对象。

导入 3D 文件的具体方法：执行"3D-从 3D 文件新建图层"命令，打开"家庭.3ds"文件，即可建立名为"家庭"的 3D 图层，效果如图 3-89 所示。

3. 视频图层

在 Photoshop CS5 中，可以直接打开视频文件，或者在打开的文件中添加视频图层。方法是执行"图层-视频图层-从文件新建视频图层"命令，打开"添加视频图层"对话框，选择视频文件"窗外.mpg"，即可建立视频图层，按"Space"键可以播放该视频，如图 3-90 所示。

图 3-89   导入 3D 文件效果

图 3-90   创建视频图层

4. 智能对象

智能对象是包含栅格或矢量图像中的图像数据的图层。智能对象将保留图像的原内容及其所有原始特性，从而能够对图层执行非破坏性编辑。

正常情况下，将一个图层的图像变换大小时，先把图像缩小，再把图像放大到最初的大小，此时会发现图像不能恢复到以前的效果，变得发虚甚至出现马赛克，如图 3-91 所示。而将图层转换为智能对象就能解决这一问题，把智能对象任意地放大与缩小 N 次，图像也不会有损失。

图 3-91　未转换智能对象前缩小后再放大的效果

具体操作步骤如下。

1）打开素材图像"智能对象 1.psd"，选择要转换为智能对象的图层，执行"图层-智能对象-转换为智能对象"命令。普通的图层转换为智能图层后，"图层"面板中图层的缩览图会发生变化，如图 3-92 所示。

2）将智能对象缩小后再放大，得到如图 3-93 所示的效果，与原图相同。

图 3-92　智能对象标识　　　　　　　　　图 3-93　转换为智能对象后缩小再放大的效果

智能对象除具有非破坏性编辑之外，也可以实现一些智能添加的效果。例如，将一个智能对象图层复制几个，然后对其中一个智能对象进行处理，其他的对象会发生相同的变化，具体操作步骤如下。

1）打开素材图像"智能对象 1.psd"，选择要转换为智能对象的图层，执行"图层-智能对象-转换为智能对象"命令。使用快捷键"Ctrl+J"对智能图层进行多次复制，编辑后得到如图 3-94 所示的效果，可以看到图层副本都是智能图层。

2）双击其中任一个智能对象图层的缩览图，会打开一个".psb"的新文档窗口，智能对象图层包含的内容都在其中，如图 3-95 所示。

3）对该文档进行处理，效果如图 3-96 所示，处理完后保存该文档。

4）查看原文件，发现所有智能对象都发生了一样的变化，如图 3-97 所示。

图 3-94　复制智能图层后的效果

图 3-95　新文档窗口

图 3-96　新文档处理效果

图 3-97　最终效果

智能对象还可以作为图片处理的模板使用，具体操作步骤如下。

1）打开素材图像"智能对象 2.psd"，将图层 1 转换为智能图层，如图 3-98 所示。

图 3-98   素材图像

2）对该智能对象添加调整图层，将色彩从秋天的树调整为夏天的树，如图 3-99 所示。

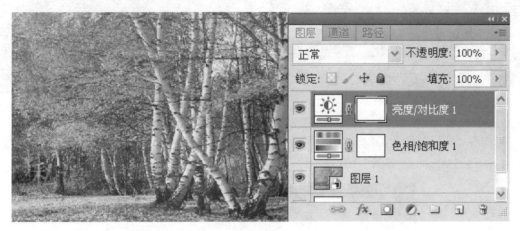

图 3-99   调整图层后的效果

3）选择智能对象图层，执行"图层-智能对象-替换内容"命令，在打开的"置入"对话框中选择要替换的文件即可，可以看到，置入的图像应用了之前的调整效果，如图 3-100 所示。

图 3-100   替换内容的效果

　　5. 自动对齐图层和自动混合图层

　　1）自动对齐图层：利用"自动对齐图层"命令可根据不同图层中的相似内容对图层做自动对齐处理，通过一个指定的参考图层将其他图层与该图层的内容进行自动匹配，以达到自动叠加的自然效果。

　　具体操作步骤如下。

　　① 选择要自动对齐的多个图层，可以执行"文件-脚本-将文件转入堆栈"命令，将图像文件载入，要对齐的原文件如图 3-101 和图 3-102 所示。

图 3-101　素材图像（一）　　　　　　　　　　　图 3-102　素材图像（二）

　　② 在"图层"面板中选择这两个图像的图层，执行"编辑-自动对齐图层"命令，打开"自动对齐图层"对话框，如图 3-103 所示。

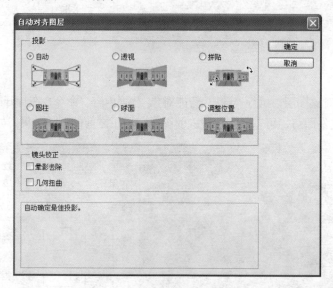

图 3-103　"自动对齐图层"对话框

　　③ 单击"确定"按钮，得到的效果如图 3-104 所示。

图 3-104　"自动对齐图层"效果图

④ 可以看到，两张照片之间有不明显的接缝，需要进行处理。可以通过调整曲线或其他命令调整图像，最终效果如图 3-105 所示。

图 3-105　最终效果

2）自动混合图层：使用"自动混合图层"命令可缝合或组合图像，从而在最终复合图像中获得平滑的过渡效果。"自动混合图层"会对每个图层应用图层蒙版，以遮盖图像内容中的差异部分。需要注意的是，"自动混合图层"命令仅适用于 RGB 或灰度图像，不适用于智能对象、视频图层、3D 图层或背景图层。

具体操作步骤如下。

① 打开素材图像"自动混合图层.psd"，选择要自动混合的两个图层，如图 3-106 所示。

图 3-106　素材图像

②　执行"编辑-自动混合图层"命令，在打开的"自动混合图层"对话框中选中"全景图"
单选按钮，如图 3-107 所示。

图 3-107　　"自动混合图层"对话框

③　单击"确定"按钮后可以看到，两个图像已经混合在一起，并且两个图层都添加了图
层蒙版，如图 3-108 所示。

图 3-108　　"自动混合图层"效果

小　　结

标志看似简单，但却是浓缩的精华。一幅漂亮的插画之所以给人以漂亮的感觉，是因为它元素丰富，可以增添使画面更美观的元素。但标志不同，它简单到极致，但"最简单的就是最难的"，既要用最少的元素将要表达的东西放进去，又要直接且美观，由此可见，标志设计是一门比较深、比较难的学问。

课后训练 3

学生直接面对市场需求，消化课堂所学知识，同时加强学生社会实践设计能力，激发学生的创作热情，完成个人网站标志设计。设计要求如下。

① 根据个人网站的特色，自主搜集相关素材。

② 网站标志大气简约，容易赢得用户信任。

③ 标志可采用图形或者图文等多种设计风格。

④ 熟练使用 Photoshop CS5 相关工具，掌握其操作的技巧和重要环节，完成标志的创作。

项目 4　包装制作

　　包装的首要功能是保护商品，其次是美化商品和传达相关信息。随着现代生活水平日益提高，人们不再只满足于生活上的温饱，对商品也越来越挑剔，包括注重商品的外包装。好的包装设计除了要解决设计中的基本原则外，还要着重研究消费者心理，符合消费者心理需求才能使该产品从同类商品中脱颖而出，达到预期的效果。

　　重点提示：

➤　包装的设计步骤

➤　路径、通道与蒙版的应用

任务 1　牙膏包装制作

4.1.1　主题说明

　　商品包装是商品的"无声推销员"，它最直接的目的是激发消费者的购买欲。因此制订商品包装计划时首先考虑的就是这个目的。其次，即使消费者不准备购买此种商品，也应使他们通过对包装的第一印象，产生对该产品及生产厂家的良好印象。设计人员要运用各种手法制作出既美观又具有实用价值的包装，提高自己的设计实践水平，促进包装事业的发展。这里通过设计制作"云南白药牙膏"包装盒来掌握包装设计的方法与流程。

4.1.2　实施操作

1. 制作牙膏包装背景

1）执行"文件-新建"命令，新建背景文件（37 厘米×8 厘米、RGB 模式、300 像素/英寸、白色），打开如图 4-1 所示的对话框。

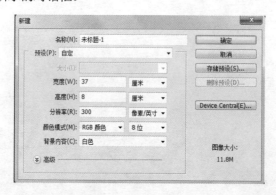

图 4-1　新建文件

2）设置前景色为"灰色"（R202、G201、B201），单击"图层"面板底部的"创建新图层"按钮，新建图层1，按"Alt+Delete"组合键，填充前景色，如图4-2所示。

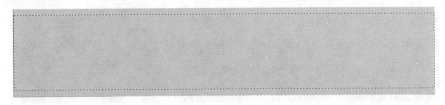

图4-2　填充前景色

3）单击"图层"面板底部的"创建新图层"按钮，新建图层 2，使用工具箱中的"矩形选框工具"创建矩形，使用工具箱中的"渐变工具"（径向渐变、反向），渐变色为从深蓝（R9、G54、B102）到淡蓝（R4、G101、B175），从中间向左上方绘制一条渐变直线，填充渐变色，如图4-3所示。

图4-3　填充径向渐变色

4）单击"图层"面板底部的"创建新图层"按钮，新建图层3，设置前景色为"灰色"（R202、G201、B201），使用工具箱中的"直线工具"（填充像素、粗细为80像素），绘制斜线，用同样的方法绘制（粗细为10像素的斜线），如图4-4所示。

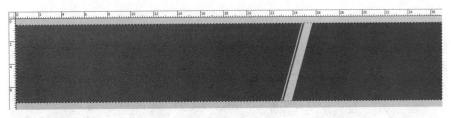

图4-4　绘制斜线

5）单击"图层"面板底部的"创建新图层"按钮，新建图层4，设置前景色为"白色"，使用工具箱中的"圆角矩形工具"（路径、半径为50），绘制圆角矩形，打开"路径"面板，设置画笔（粗细为2像素），用画笔描边路径，在"路径"面板空白处单击，隐藏该路径，如图4-5所示。

图4-5　绘制圆角矩形

6）单击"图层"面板底部的"创建新图层"按钮，新建图层 5，使用工具箱中的"直线工具"（填充像素、大小为 3）绘制相应的直线，如图 4-6 所示。

图 4-6　绘制直线

2．制作文字

1）使用工具箱中的"文字工具"（创艺简行楷、78、白色），输入文字"云南白药"，双击该层，设置投影（10、8、7），继续使用"文字工具"输入"牙膏"（黑体、50），右击"栅格化图层"，按"Ctrl+T"组合键进行变换，执行"斜切"命令。继续使用"文字工具"输入"Yunnan Baiyao Toothpaste"（Adobe Caslon Pro、24 点），然后拖动"Alt"键，将投影效果复制到其他文字上，将所示文字进行图层合并，如图 4-7 所示。拖动该文字图层至新建按钮上，复制图层，并按"Ctrl+T"组合键进行变换，执行"缩放"及"旋转"命令，如图 4-8 所示。继续输入其他文字，如图 4-9 所示。

图 4-7　输入文字

图 4-8　复制文字并进行缩放及旋转

图 4-9　输入其他文字

2）单击"图层"面板底部的"创建新图层"按钮，新建图层，设置前景色为深蓝（R9、G54、B102），选择"直线工具"（粗细为 5 像素），在窗口左上角绘制两条垂直线，然后输入如图 4-10 所示的文字。

图 4-10　绘制直线并输入文字

3．制作牙膏包装侧面效果

1）新建文件（RGB、40 厘米×12 厘米、300 像素/英寸、白色），使用"移动工具"将上面的图形拖入。使用"矩形选框工具"创建如图 4-11 所示的选区，按"Ctrl+Shift+J"组合键将其剪切至新图层，自动生成图层 2。按"Ctrl+T"组合键并右击，在弹出的快捷菜单中执行"斜切"及"缩放"命令，如图 4-12 所示。

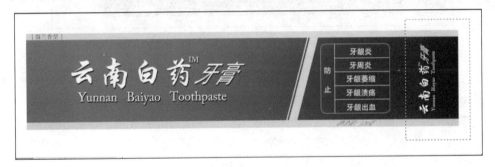

图 4-11　创建选区

图 4-12　变形操作

2）使用工具箱中的"移动工具"，按住"Alt+Shift"组合键向上拖动复制图层，使下边缘吻合，如图 4-13 所示。按"Ctrl+T"组合键并右击，在弹出的快捷菜单中执行"斜切"及"缩放"命令，如图 4-14 所示。

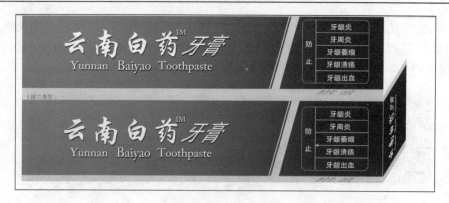

图 4-13　向上复制图层

图 4-14　变形操作

　　3）选择"背景"层为当前工作图层，使用工具箱中的"渐变工具"（线性渐变）从深蓝（R9、G54、B102）到淡蓝色（R4、G101、B175），从上向下拖动，如图 4-15 所示。

　　4）单击"图层"面板底部的"创建新图层"按钮，新建图层，使用工具箱中的"多边形工具"（羽化为 50 像素），从左到右填充线性渐变（深蓝到浅蓝色），将"图层混合模式"设置为"正片叠底"，"不透明度"设置为"60%"，如图 4-16 所示。

图 4-15　渐变填充

图 4-16　设置阴影效果

5）再复制一个牙膏图层，最终效果如图 4-17 所示。

图 4-17　最终效果

4.1.3　总结与点评

包装的首要功能是保护商品，其次是美化商品和传达相关信息。随着现代生活水平日益提高，人们不再满足于生活上的温饱，对商品也是越来越挑剔，包括注重商品的外包装。好的包装设计除了要解决设计中的基本原则外，还要着重研究消费者心理，符合消费者心理需求，才能使该产品从同类商品中脱颖而出，达到预期的效果。

任务 2　月饼盒包装制作

4.2.1　主题说明

月饼包装设计是一种以品牌、文化为本位，以美学、形式为基础，以工艺为导向的设计，我们应该把月饼包装设计作为一种文化形态来对待，把月饼包装设计活动作为一种文化现象来关照。它不是简单的物质功能的满足和精神需求的满足能概述的，我们应该做的是设计本土化。通过月饼盒设计，主要是更深入地了解 Photoshop 的强大功能和操作技巧，把所学到的理论知识运用到具体的实践创作之中，充分发挥创造性思维，并且能够很好地解决创作过程中遇到的难点。

4.2.2　实施操作

1）执行"文件-新建"命令，新建背景文件（RGB、155 毫米×208 毫米、120 像素/英寸），打开如图 4-18 所示的对话框。按"Ctrl+R"组合键打开标尺，拖动出参考线，宽度=正面宽121+左右侧面各14+左右出血各3=155毫米；高度=正面高174+上下高各14+上下出血各3=208毫米，如图 4-19 所示。

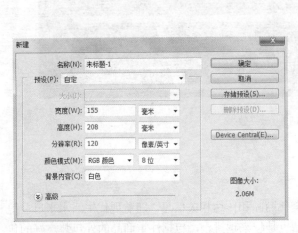

图 4-18　新建文件

图 4-19　拖动出参考线

2）单击"图层"面板底部的"创建新的填充和调整图层"按钮，执行"渐变"（线性，反向，从左至右颜色值分别为 2f0809、4e1607、c25200、ffC000）命令，打开"渐变填充"对话框，如图 4-20 所示，"渐变编辑器"的参数设置如图 4-21 所示，填充效果如图 4-22 所示。

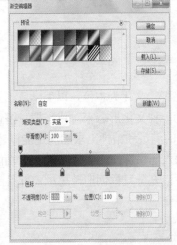

图 4-20　"渐变填充"对话框　　　图 4-21　"渐变编辑器"对话框　　　图 4-22　渐变填充效果

3）移动人物图片，得到图层 1，"图层混合模式"设置为"柔光"，单击"图层"面板底部的"创建新的填充和调整图层"按钮，执行"黑白"命令，然后选择"蓝色滤镜"，如图 4-23 所示，得到黑白 1。按"Ctrl+Alt+G"组合键创建剪贴蒙版，从而将图像处理为单色，如图 4-24 所示。

图 4-23　选择蓝色滤镜

图 4-24　图像处理为单色

4）选择"椭圆选框工具"（工具属性栏中设置为"填充像素"），适当设置"前景色"为"黄色"，按"Shift"键画出正圆，设置该层的"图层混合模式"为"叠加"，效果如图 4-25 所示。单击"添加图层蒙版"按钮，使用工具箱中"渐变工具"，在工具属性栏中选择"线性渐变"（黑、白），从上方至右下方绘制渐变，效果如图 4-26 所示。

图 4-25　叠加模式

图 4-26　渐变效果

5）单击"图层"面板底部的"添加图层样式"按钮，执行"外发光"（大小为 45）命令，如图 4-27 所示，复制该层得到"图层复本"，再次复制得到"图层复本 2"，将该层的"图层混合模式"设置为"正常"，将该层的"不透明度"设置为"80%"，效果如图 4-28 所示。

6）使用工具箱中的"移动工具"，快速合成"1.psd"图片，执行"编辑-描边"命令，打开"描边"对话框，如图 4-29 所示。使用工具箱中的"魔棒工具"，选中"1.psd"图片的黑色部分，按"Delete"键将其删除，效果如图 4-30 所示。使用工具箱中的"移动工具"，快速合成各种荷花，并适当设置图片效果，如图 4-31 所示。

图 4-27　外发光效果

图 4-28　复制图层效果

图 4-29　描边设置

图 4-30　云彩描边效果

图 4-31　移入荷花效果

7）使用工具箱中的"移动工具"，快速合成"6.psd"图片并右击，在弹出的快捷菜单中执行"栅格化图层"命令，使用工具箱中的"渐变工具"，在打开的"渐变编辑器"对话框中进行参数设置，如图 4-32 所示，在工具属性栏中选择"对称渐变"，并对文字施加渐变效果，如图 4-33 所示。

8）执行"文件-新建"命令，新建背景文件（RGB、1024 像素×1000 像素、72 像素/英寸），使用工具箱中的"移动工具"，快速合成"8.psd"图片，使其成为背景图片，如图 4-34 所示。对步骤 7）中最后形成的文件中的所有图层执行"图层"面板中的"合并可见图层"命令，即进行图层合并，并将其命名为"月饼平面图合并图层"。使用"矩形选框工具"选中如图 4-35 所示的部分，并使用"移动工具"快速将其合成到背景图片中，如图 4-36 所示。

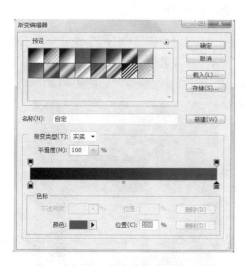

图 4-32 渐变编辑器设置

图 4-33 为文字施加黑白渐变效果

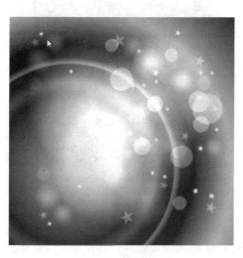

图 4-34 背景图片

图 4-35 矩形选框

图 4-36　将矩形选框所选内容拖入背景

9）使用"矩形选框工具"绘制如图 4-37 所示的矩形选框，按"Ctrl+T"组合键并右击，在弹出的快捷菜单中执行"斜切"命令，如图 4-38 所示，对其进行变形操作，如图 4-39 所示。继续右击，在弹出的快捷菜单中执行"缩放"命令，对其进行变形操作，如图 4-40 所示。

图 4-37　绘制矩形选框

图 4-38　"斜切"命令

图 4-39　"斜切"效果

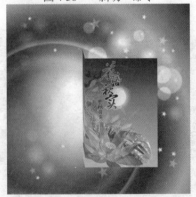

图 4-40　"缩放"效果

10）使用"钢笔工具"绘制如图 4-41 所示的矩形路径，单击"路径"面板底部的"将路径作为选区载入"按钮，将路径转换为选区，如图 4-42 所示。适当设置前景色并进行填充，如图 4-43 所示，单击"图层"面板底部的"添加图层样式"按钮，执行"投影"命令，适当设置参数，添加投影效果，如图 4-44 所示。

图 4-41　绘制路径

图 4-42　路径转换为选区

图 4-43　填充效果

图 4-44　投影效果

11）使用"移动工具"，按住"Alt"键，快速复制图像，最终效果如图 4-45 所示。

图 4-45　最终效果

4.2.3　总结与点评

我们欣赏借鉴德国设计的科学性、逻辑性和严谨性，日本设计的静、虚、空灵、极致，意大利设计的优雅与浪漫，这些无不来自于他们对其民族文化的挖掘与继承。月饼包装设计来源是我们应该探求的。民族文化是一种流传广远而又包罗万象的精神存在，具有整体性的精神特质，中国的历史源远流长，众多的民族文化故事和传统图案既是设计的源泉，又是设计所受的地域性限制的特定文化背景，这种文化背景是具有深层文化结构的，它保留了一个民族所共通的东西。

任务 3　包装制作相关知识

4.3.1　包装的定义及分类

1. 包装的定义

可以这么说，从有产品的那一天起，就有了包装。包装已成为现代商品生产不可分割的一部分，也成为各商家竞争的利器，各厂商纷纷打着"全新包装，全新上市"来吸引消费者，不惜重金，以期改变其产品在消费者心中的形象，从而提升企业自身的形象。就像唱片公司为歌星全新打造、全新包装，并以此来改变其在歌迷心中的形象一样，而今，包装已融合在各类商品的开发设计和生产之中，几乎所有的产品都需要通过包装才能成为商品，再进入流通过程。

在不同的时期、不同的国家，对包装的理解与定义也不尽相同。以前，很多人认为，包装就是以转动流通物资为目的，是包裹、捆扎、容装物品的手段和工具，也是包扎与盛装物品时的操作活动。20 世纪 60 年代以来，随着各种自选超市与卖场的普及与发展，使包装由原来的保护产品的安全流通为主，而转向销售员的作用，人们也赋予了包装新的内涵和使命。包装的重要性，已深深被人们认可。对于包装的定义，在高级汉语大词典中如下。

1）把东西打捆成包或装入箱等容器的动作或过程。

2）包装商品的东西，即起覆盖作用的外表、封套或容器；特指储藏或运输商品时使用的保护性的单元。

我国在 1983 年国家标准中，对包装的定义如下："为在流通中保护产品、方便储运、促进销售，按一定的技术方法所采用的容器、材料和辅助物的过程中施加的一定的技术方法等操作活动"。在其他版本的教材中，也有对包装的定义，如"为了保证商品的原有状态及质量在运输、流动、交易、存储及使用时不受到损害和影响，而对商品所采取的一系列技术手段"。虽然每个国家和地区对包装的定义略有差异，但都是以包装的功能为核心内容的。

2. 包装的分类

1）以机能分类：可分为内销包装、外销包装、特殊包装（军用品、工艺品、珍贵文物、美术品等）。

2）以材料分类：可分为木箱包装、纸箱包装、塑料包装、金属包装、玻璃包装等。

3）以内容物分类：可分为食品包装、药品包装、五金包装、衣料包装或液体、固体、粉状包装等。

　　4）以包装技术分类：可分为防水包装、缓冲包装、真空包装、压缩包装、通风法包装等。

4.3.2　包装设计与消费心理

1. 包装对消费者心理的影响

　　1）引起消费动机。当人们进入超市或大商场中时，首先映入眼帘的便是琳琅满目的商品，它借助艳丽的外衣，精美的装潢而讨得人们的欢心，使人们自觉不地接近它、赏识它，最后拥有它。包装设计最直接的目的是激发消费者的购买欲。制定商品包装计划时首先考虑的应该是这一目标。其次，即使消费者不准备购买此种商品，也应促使他们对该产品的品牌、包装、商标及产品生产商产生好的印象。消费者决定花钱买东西的行动是在某种动机的推动下进行的，人们的行动一般是由一定的主观内部原因（即动机）支配进行的，而动机又与需要密切相关，动机是在一定条件下的需要的体现，是由人的需要转化而来的。动机是由需要转化而来的，但是人的需要不一定全部能转化为推动人去行动的动机。

　　2）包装满足受众购买需求。消费者购买商品时，商品包装不仅能够满足受众物质需要，也能满足社会和精神需要。例如，包装在衣食住行上无所不在，包装设计就是为了促进人的购买欲望并满足受众的物质需要；各种书籍、杂志包装让受众在满足精神需要的同时又满足了视觉上的需要。消费者的购买行为有时是由一种动机支配的，有时是由多种复杂动机综合支配的。这些动机往往交织在一起构成购买行为体系。满足精神、社会需要的动机常常伴随满足生理、物质需要的动机。例如，经济收入低的消费者往往只注重商品使用价值，对商品的要求是价廉物美。这是由一种购买动机支配的购买商品的行为。而经济收入高的消费者往往对商品包装品质更为讲究。消费者的需要是由低级的生理需要得到基本满足后向高级的精神、社会需要发展的。

2. 消费者心理在包装中的运用

　　1）方便与实用心理。消费者的心理是营销的最大市场，人们消费心理的多元性和差异性决定了商品包装必须有多元的情感诉求才能吸引特定的消费群体，产生预期的购买行为。购物者都求方便。例如，透明或者开窗式包装的食品可以方便挑选、组合式包装的礼品盒可以方便使用、软包装饮料可以方便携带等。包装的方便、易用增添了商品的吸引力，求方便是普遍的消费心理。消费者以追求商品的"实用"和"实惠"等实际使用价值为主要目的，消费者选购商品时注重商品的量和效用，讲求经济实惠、经久耐用、价廉物美、货真价实。消费行为较为稳定的商品，不易受外界因素影响，此类包装设计要明确表示出商品的商标、成分、计量、价格、使用说明，使消费者一目了然。那些"形式大于内容"的过度包装产品，即使能够吸引到偶然的购买者也难以赢得消费者的忠诚，缺乏长远发展的动力。

　　2）新颖与美观心理。这是消费者以追求商品包装新颖、时髦为主要目的一种心理。此类心理的消费者多为青年人，他们富有朝气、爱赶潮流、易受外界因素影响，选购商品时注重商品的装潢、色彩、款式，不太注意商品是否实用和价格高低，往往被商品包装的时髦和新奇所吸引，产生购买动机。饮料包装一般采用绿色和蓝色这类冷色调，而美国可口可乐包装一反常规采用了大红色调，具有引起人兴奋的色彩心理特征，强烈吸引消费者注意力，消费者感到可口可乐的新颖、刺激、难以忘怀，使可口可乐畅销于世界各地。精美的包装能激起消费者高层次的社会需求，具有艺术魅力的包装对购买者而言是一种美的享受。"买椟还珠"的故事足见包装的美学价值。精美的包装是促使潜在消费者变为显在的、长久型、习惯型消费者的驱动力量。

4.3.3　包装设计步骤

1. 与客户沟通

接到包装设计任务后，不能盲目地开始着手设计，首先应该与客户充分的沟通以了解详细的需求。

1）了解产品本身的特性：如产品的质量、体积、防潮性及使用方法等，各种产品有各自的特点，要针对产品的特性来选择应该使用的材料与设计的方法。

2）了解产品的使用者：消费者有不同的年龄层次、文化层次、经济状况，会导致他们对商品的认购差异，那么产品就要有一定的针对性才能准确地定位包装设计。

3）了解产品的销售方式：产品只有通过销售才能成为真正意义上的商品。一般情况下，产品在商场或超市的货架上销售，也有其他直销形式等，那么在包装形式上应该有所区别。

4）了解产品的经费：对经费的了解直接影响着包装设计的预算成本，因此需要了解产品的售价、包装和广告费用等。客户最喜欢设计者把成本降到最低。

5）了解产品背景：首先，应了解客户对包装设计的要求；其次，要掌握企业识别的有关规定；再次，应明确产品是新产品还是换代产品；最后，要明确该公司有无两类产品的包装等。

2. 市场调研

市场调研是设计之前必需的一个重要环节，设计师只有通过市场调研才能对产品从总体上把握，这样对制定出合理的设计方案有很大帮助。调研包括：首先，了解产品的市场需求，设计者应该从市场需求出发挖掘目标消费群，从而制定产品的包装策略；其次，了解包装市场现状，即根据目前包装市场现况及发展趋势加以评估，设计出最受欢迎的包装形式。另外，有必要对同类产品的包装进行了解，即要了解同类产品的竞争形势，从各个角度去分析调查，以设计出最合理的包装作品。

3. 制订包装设计计划

在通过以上信息的收集与分析之后，拟定出合理的包装设计计划、工作进度表及计划书。

4.3.4　包装的视觉传达设计

视觉系统是人接触外界信息最常用的器官，人的有感知觉的 80%由视觉形成。视觉能将现象做理性的分析、联想、感受与理解，并在视觉过程中，对所感信息轮廓的认知，按其方位、角度、动态的特征性加以观测，再由记忆系统做辅助判断。由此可见，视觉不仅是心理与生理的知觉，更是创造力的主要来源之一。

在进行视觉传达设计时，需借助各种传达媒介，如图形、文字、色彩等。在文字的初始阶段，人们把事物形象化，而产生了象形文字，创造出"山、水、日、月、鱼"等生活中必需的"记号"，这些"记号"即成为视觉传达上的第一要素，由文字与"记号"发展到借助文字也能让人了解其含义内容的图形，便作为第二视觉传达要素的"图画语言"，这种视觉化的"图画语言"具有形状特征。文字的"记号性"与图画语言的"形状性"，可以帮助人们从中感受到各种情感、内容和含义。

文字与形状的选择，取决于其内容表现是否贴切。为了使文字、图形产生更丰富的视觉效果，必须加上多样化的色彩，作为视觉传达第三要素来弥补文字或图形所表现的不足之处。所以，文字、图形、色彩是视觉传达设计的三大表现要素。除了表现要素本身之外，视觉传达设计要达到传递信息准确、贴切，必须具备良好的可视性，因此，文字、图形、色彩的构成形式，或称编排设计，也应作为视觉传达设计的要素之一。

设计的本意是指描绘、色彩、构图、创意等，由拉丁文演化而来，原指为达到某种新境界所做的程序、细节、趋向、过程，用以满足不同的需求。设计是包含艺术性的一类创造性活动。设计的定义、范围、功能因对象而异，亦随时代、文化背景的变化而改变。

就个人来说，设计是个人意志的表现，即在特定的目的下，全身心地计划并实现的行为所产生的结果。因此，只有研究、掌握设计的不同图形、色彩、材质等，从视觉的机能出发，通过追求完美的创造性活动，把构想与感受用适当的视觉形式传达给观赏者，才能实现沟通与共识，形成视觉设计升华的原动力。

在包装设计中，图形、文字、色彩的设计都具有重要作用，它可使品名、内容物、使用方法特定化，并传达给人，同时在很大程度上影响人们对某种包装商品的直观判断。

商标、文字、色彩、装饰纹样等各类图形化的形象，可统称为图文并重的信息，这类信息中所包含的意蕴，可因包装、产品种类不同而变化，但都表达了两层意义：一是应传达的内容是什么，二是所传达的对象是什么。首先必须根据商品战略（以市场调研为依据）构成独特的创意，其次是选择最有效、最恰当的传达方式。

4.3.5　包装设计赏析

1）成套包装如图 4-46 所示，配套包装如图 4-47 所示，系列包装如图 4-48 所示。

图 4-46　成套包装　　　　　　　　　　　图 4-47　配套包装

图 4-48　系列包装

　　系列包装又称"家族式"包装，是现代包装设计中较为普遍、较为流行的形式。系列化包装是以一个企业或一个商标、品牌名的不同种类的产品，用一种共性特征来统一的设计，可用特殊的包装造型特点、形体、色彩、图案、标识等统一设计，形成一种统一的视觉形象。这种设计的好处在于，既有多样的变化美，又有统一的整体美，在货架陈列中效果强烈，使消费者容易识别和记忆，并能缩短设计周期，便于商品新品种发展设计，方便制版印刷，增强广告宣传的效果，强化消费者的印象，扩大影响，树立产品特点的个性和确立品牌的特征。

　　2）礼品包装 ，如图 4-49 所示。

图 4-49　礼品包装

　　礼品在我们的生活中是美好情感的精神载体，也是情谊往来交流的"纽带"。礼品包装作为商品包装中的一类，除了必须达到包装的基本功能外，所体现的精神价值已经远远超过商品本身的物质价值，因此如何借助礼品包装来体现"礼"的含义，是值得研究的。

　　礼品包装以"情"作为它的诉求点，以"沟通"作为设计的目的，以商品的内容与设计的形式相互整合，来提升"礼"的品味。礼品包装除了专为节日庆典而进行的设计之外，更多的是为消费者赠送方便而设计的。

3）儿童碳酸果汁饮料经典案例分析，如图 4-50 所示。

该产品是墨西哥北部的一家大型饮料生产商和批发商，主要从事如可口可乐和芬达等国际品牌饮料的生产。

① 改装的原因：原包装的设计过于成人化，黑色的标贴对儿童消费者缺乏吸引力；插图与果汁形象不符，印刷的纸质过于陈旧。

② 再设计的目的及构思：设计师和制造商认为新包装要有一种丰富、亮丽的色彩，充满新鲜、活力和动感的外表，用卡通角色来激发目标消费者——儿童的兴趣，以使产品具有强烈的视觉冲击力；改进旧有的印刷方式，更换材质，以适应改装后的设计效果。

图 4-50　儿童碳酸果汁饮料包装

设计师们提供了很多标志的构思，将水果口味的各种明快色彩与其他不同元素相融合。他们还设计了一系列角色形象——猫儿家族，角色形象具有流行的电子游戏和现代卡通的鲜明特色，即顽皮且充满活力，猫儿们在包装上有各种不同的表现，把欢快的乐趣发挥到了极致，如图 4-51 所示。

图 4-51　猫儿家族

③ 最终效果：根据制造商的调查报告表明，新包装如图 4-52 所示，新包装推出的同时，还进行了大量的推广促销活动和传媒广告的宣传，6 个月中饮料的销售额翻了一番。

图 4-52　最终设计效果

任务 4　Photoshop CS5 相关知识

4.4.1　路径的应用

1. 矩形工具

矩形工具可以绘制出矩形或正方形的图形和路径。选择"矩形工具"直接在新建文件中按住鼠标左键并拖动，出现矩形图形或路径。按住"Shift"键可以绘制出正方形。按"Shift+U"组合键可以相互切换绘制图形工具。选择"矩形工具"后选项栏的状态如图 4-53 所示。

　　　形状图形　路径　填充像素　　选择绘制图形选项　　　　　运算模式

图 4-53　"矩形工具"选项栏

该选项栏中主要选项含义如下。

1）形状图形：创建形状图层，可以绘制出带有路径的矩形或正方形。在"图层"面板中自动生成新图层，默认颜色为前景色。绘制的图形为矢量图形，放大与缩小均不会对图形质量产生任何影响，如图 4-54 所示。

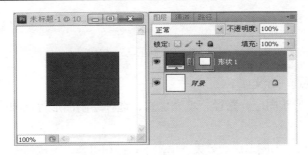

图 4-54 绘制"形状图形"

2）路径：创建矩形或正方形工作路径。只在"路径"面板中生成路径，如图 4-55 所示。

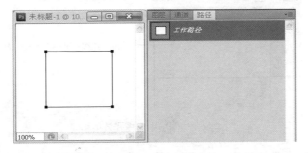

图 4-55 绘制"路径"

3）填充像素：在选中的图层中绘制矩形或正方形。不会在"图层"面板中自动生成新图层，默认颜色为前景色。绘制图形不可放大，放大后会影响图形质量，如图 4-56 所示。

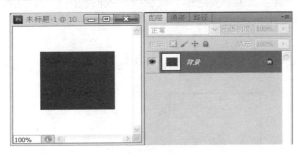

图 4-56 绘制"填充像素"

4）选择绘制图形选项：选择不同的工具可绘制相应的图形或路径。

5）运算模式：除"形状区域"外，其他选项均需要两个以上的图形或路径方可激活使用。它们分别是形状区域、添加到形状区域、从形状区域减去、交叉形状区域，重叠形状区域除外。

6）样式：单击选项中右侧的下拉按钮可以选择相应的样式或选择无样式。

7）颜色：随着前景色的改变而改变，单击后进入拾色器可更改颜色。

2．椭圆工具

椭圆工具可以用来绘制椭圆形图形、圆形图形、椭圆形路径或圆形路径。按住"Shift"键可以绘制正圆形。按"Shift+U"组合键可以切换绘制图形工具。选择"椭圆工具"后选项栏的状态如图 4-57 所示。

图 4-57　"椭圆工具"选项栏

该选项栏中主要选项含义如下。

1）椭圆工具中形状图层、路径、填充像素、选择绘制图形等选项的使用方法和矩形工具相同。

2）模式：选择后可为图形添加效果。单击下拉按钮可弹出下拉列表，可选择其中的模式，得到 29 种不同的效果，如图 4-58 所示。

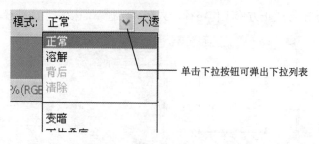

图 4-58　与图层中的模式效果相同

3）不透明度：输入数值可改变绘制图形的不透明度，使绘制出的图形呈现半透明的状态，数值输入为 0%～100%。

4）消除锯齿：勾选"消除锯齿"复选框，使绘制圆形或曲线图形的边缘更加圆滑，不产生明显的锯齿；不勾选"消除锯齿"复选框，绘制圆形或曲线图形时，边缘会出现明显的锯齿。软件默认为不勾选"消除锯齿"复选框。

3. 多边形工具

多边形工具可以用来绘制各种多边形图形或多边形路径，如图 4-59 所示。

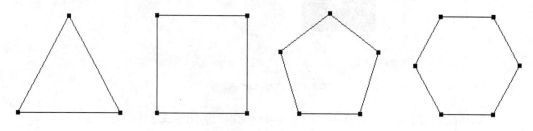

图 4-59　各种多边形

绘制的多边形图形或多边形路径都是从中心向外拖动鼠标得到的图形。按"Shift+U"组合键可以切换绘制图形工具。选择"多边形工具"后选项栏的状态如图 4-60 所示。

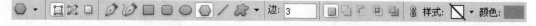

图 4-60　"多边形工具"选项栏

该选项栏中主要选项含义如下。

1）多边形工具中形状图层、路径、填充像素、选择绘制图形、运算模式、样式、颜色等选项的使用方法和矩形工具相同。

2）边：用来决定多边形的边数。数值输入为 3～100。

图 4-61　"多边形选项"面板

单击"选择绘制图形"下拉按钮，打开"多边形选项"面板，如图 4-61 所示。

该面板中主要选项含义如下。

① 半径：可输入数值以设置多边形的半径大小，其半径值为多边形的中心点至顶点的距离。

② 平滑拐角：不勾选时绘制出的多边形呈现钝角、直角或锐角等尖角；勾选时绘制出的多边形不出现尖角，而是曲线形，如图 4-62 所示。

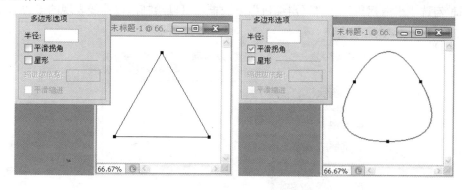

图 4-62　"平滑拐角"效果对比

③ 星形：勾选后可以绘制星形图形。勾选此复选框即可激活以下选项。

④ 缩进边依据：勾选"星形"复选框后可以激活使用。输入数值设置缩进边，对多边形或星形缩进程度进行调整。数值输入为 1%～99%。缩进值越大，缩进程度也就越大，如图 4-63 所示。

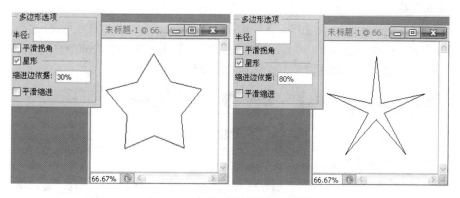

图 4-63　"缩进边依据"效果对比

5）平滑缩进：不勾选此复选框则缩进角为尖角，勾选此复选框则缩进角为圆角，如图 4-64 所示。

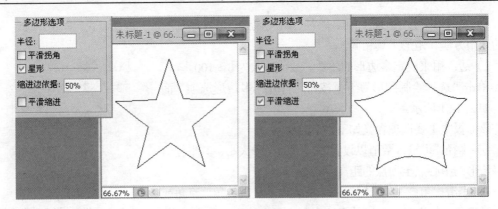

图 4-64　"平滑缩进"效果对比

同时勾选"平滑拐角"和"平滑缩进"复选框，可以绘制出以曲线表现的多边形图形或路径，如图 4-65 所示。

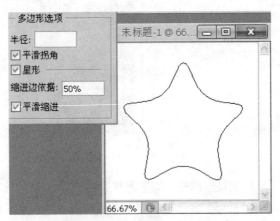

图 4-65　3 个复选框同时勾选时的绘制效果

4. 直线工具

直线工具可以用来绘制不同粗细、各种角度的直线形、箭头图形、直线形路径或箭头路径。按住"Shift"键可以绘制出水平、垂直或 45°的斜线和箭头图形。按"Shift+U"组合键可以切换绘制图形工具。选择"直线工具"后选项栏的状态如图 4-66 所示。

图 4-66　"直线工具"选项栏

该选项栏中主要选项含义如下。

1）直线工具中形状图层、路径、填充像素、选择绘制图形选项、运算模式等使用方法和矩形工具相同。

2）粗细：输入数值后可以设定线条的粗细。数值输入为 1～1000px。

单击"选择绘制图形"下拉按钮，打开"箭头"面板，如图 4-67 所示。

"箭头"面板中主要选项含义如下。

① 起点：勾选后将绘制出一个箭头图形或箭头路径，箭头在线条之前。箭头方向按照拖动

的方向来定。

②　终点：勾选后将绘制出一个箭头图形或箭头路径，箭头在线条之后。箭头方向按照拖动的方向来定。

③　宽度：输入数值可以调整箭头的宽度。数值输入为 10%～1000%。

④　长度：输入数值可以调整箭头的长度。数值输入为 10%～1000%。

⑤　凹度：输入数值可以调整箭头的凹凸程度。数值输入为-50%～+50%。

图 4-67　"箭头"面板

> **注意:**　无论用鼠标从什么方向拖动，单击的位置都为起点，拖动后释放的位置都为终点。

5. 钢笔工具

使用钢笔工具可以绘制出直线或曲线的路径。绘制时，在工作区直接单击就可以增加一个节点，可以绘制出直线的路径；如果绘制时，在单击的同时拖动鼠标，则可以绘出曲线的路径。选择"钢笔工具"后选项栏的状态如图 4-68 所示。

图 4-68　"钢笔工具"选项栏

（1）钢笔工具选项栏的基本操作

该选项栏中主要选项含义如下。

1）钢笔工具中形状图层、路径、填充像素、选择绘制图形选项、运算模式等使用方法和矩形工具相同。

2）自动添加/删除：勾选"自动添加/删除"复选框，钢笔工具经过路径时在没有锚点的地方光标自动显示"添加锚点"；钢笔工具经过锚点时光标自动显示"删除锚点"。不勾选"自动添加/删除"复选框，钢笔工具经过路径或锚点时，光标没有变化，如图 4-69 所示。

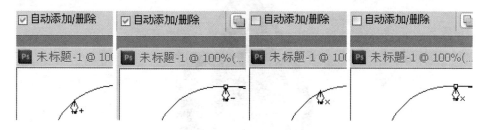

图 4-69　软件默认勾选"自动添加/删除"复选框

（2）钢笔工具的基本操作

下面讲解使用钢笔工具抠图的方法。

1）打开一张图片，如图 4-70 所示。

2）选择工具箱中"钢笔工具"，并在选项栏中选择"路径"，在水滴图形中沿着边缘开始绘制路径，如图 4-71 所示。

图 4-70　原图

图 4-71　在水滴顶端开始绘制

3）在图形转折明显的地方添加锚点，单击后拖动鼠标形成曲线锚点，如图 4-72 所示。

4）拖动鼠标出现的曲线锚点两侧带有控制杆，通过调整控制杆来决定路径的位置，路径要紧贴图形的边缘，这样抠出的图形才能方便使用，如图 4-73 所示。

图 4-72　拖动鼠标出现曲线锚点

图 4-73　锚点的控制杆可以调整路径

5）路径绘制结束时将鼠标指针定位在第一个锚点上，光标出现闭合路径的状态，单击或拖动鼠标均可以闭合路径，如图 4-74 所示。

图 4-74　路径最终效果

绘制路径时如有要调整的地方，则可以按住"Ctrl"键暂时切换为"直接选择工具"，并调整锚点和控制杆的位置。绘制的过程中按住"Alt"键，可以将曲线锚点变为直线锚点，以便调整或变换路径的角度。

| 注意： | 使用钢笔工具抠图的时候要细致并注意图形不要留白边，要紧贴图形的边缘，否则将会影响最终的效果。 |

6. 自由钢笔工具

自由钢笔工具在工作区中绘制路径时，只要一直按住鼠标左键并拖动鼠标，就可以自动绘制出曲线路径，曲线的节点数随鼠标拖动的速度改变。拖动的速度越快，节点越少。自由钢笔工具可以绘制出较为自由的路径，使用感觉类似于套索工具，但是它创建的是路径不是选区。按"Shift+P"组合键可以相互切换钢笔工具与自由钢笔工具。选择"自由钢笔工具"后选项栏的状态如图 4-75 所示。

图 4-75　"自由钢笔工具"选项栏

该选项栏中主要选项含义如下。

1）自由钢笔工具中形状图层、路径、填充像素、选择绘制图形选项、运算模式等使用方法和矩形工具相同。

2）磁性的：在图片中单击开始后，鼠标指针自动吸附图片中对比强烈的区域，在光标移动的同时产生路径，并且可以自动放置锚点，按"Enter"键停止或结束操作。此选项与"磁性套索工具"很像，使用在边缘清晰的图片中效果明显，如图 4-76 所示。

图 4-76　磁性钢笔绘制的路径锚点较多

| 注意： | 自由钢笔工具绘制出的路径锚点较多，只适用于边缘比较简单、光滑、与背景对比较强的图形中。 |

7. 添加、删除锚点工具

添加锚点工具用于在已创建的路径上增加锚点，每单击一次添加一个新锚点。在新建文件中绘制一条路径，在没有锚点的路径上单击添加新锚点，具体操作方法如图 4-77 所示。

　　删除锚点工具可删除路径上已经存在的锚点，在锚点上单击一次可删除一个锚点。在新建文件中绘制一条路径，在路径上有锚点的地方单击删除锚点，具体操作方法如图 4-78 所示。

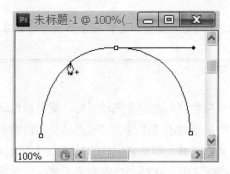
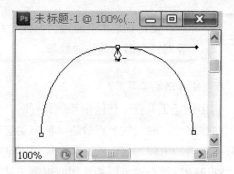

图 4-77　添加锚点鼠标指针状态　　　　　　　　图 4-78　删除锚点鼠标指针状态

8. 转换点工具

　　转换点工具可以改变锚点的属性，即把锚点转换成拐点或平滑点，然后拖动方位点来改变曲线的弧度。按"Alt"键可以单方面地改变一侧曲线的方向，而不影响另一侧曲线的方向。下面介绍"转换点工具"的使用方法。

　　1）在新建文件中绘制一个菱形路径，在选中转换点工具的状态下鼠标指针不经过锚点时，鼠标指针显示为"直接选择工具"，单击路径激活路径锚点，如图 4-79 所示。

　　2）当鼠标指针定位在锚点上时显示为"转换点工具"，如图 4-80 所示。

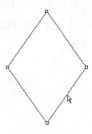
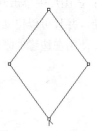

图 4-79　绘制菱形路径并激活锚点　　　　　　　图 4-80　鼠标指针状态

　　3）拖动鼠标将拐角锚点转换为曲线锚点，拖动控制杆可调整曲线的光滑程度。拖动鼠标的同时按住"Shift"键，可以形成对称曲线，如图 4-81 所示。

　　4）使用"转换点工具"调整控制杆可改变单击一侧的锚点状态，将原来的曲线锚点转换为拐角锚点，并只可以调整单侧的曲线角度，如图 4-82 所示。

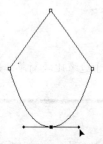
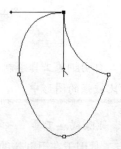

图 4-81　绘制菱形路径并激活锚点　　　　　　　图 4-82　改变锚点状态

9. 路径选择工具

路径选择工具可以用来直接选择、复制或移动整个路径，如图 4-83 所示。

图 4-83　使用"路径选择工具"选择路径的状态

画面中有两条以上的路径时，按住"Shift"键可同时选中多条路径，按住"Alt"键移动路径可对路径进行复制。选择"路径选择工具"后选项栏的状态如图 4-84 所示。

图 4-84　"路径选择工具"选项栏

该选项栏中主要选项含义如下。

1）显示定界框：勾选此复选框后路径的边缘出现矩形定界框，可拖动并调整路径的大小或自由变换路径，一般默认为不勾选。

2）组合：可以将绘制出的两个或多个路径组合成一个路径。画面中有两条以上路径时方可激活使用。

3）路径对齐、排列工具组：可对两个或两个以上的路径进行排列、对齐等操作。

10. 直接选择工具

直接选择工具可以用来移动路径中的锚点和线段，也可以调整锚点的控制杆改变路径形状。选择路径中的锚点，拖动选中的锚点即可改变路径。按住"Shift"键可以同时选择多个锚点，如图 4-85 所示。

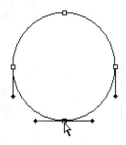

图 4-85　使用"直接选择工具"选择路径的状态

11. "路径"面板

"路径"面板用来管理绘制出的路径，可以对路径进行填充、描边、选区与路径互相转换、新建工作路径、保存路径、删除路径等操作。用户在图像编辑窗口中绘制一个路径后，执行"窗口-路径"命令，将打开"路径"面板，如图 4-86 所示。

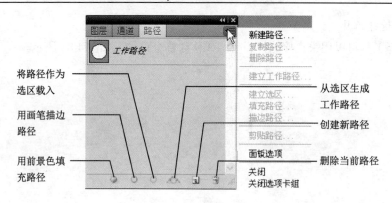

图 4-86 "路径"面板

（1）"路径"面板的基本操作

该面板中主要选项含义如下。

1）用前景色填充路径：单击该按钮，以前景色填充当前工作路径。

2）用画笔描边路径：单击该按钮，以前景色为当前工作路径描绘边缘。

3）将路径作为选区载入：单击该按钮，可将当前路径转换为选区。

4）从选区生成工作路径：单击该按钮，可将选区转换为路径。

5）创建新路径：单击该按钮，可创建一个新的路径。

6）删除当前路径：单击该按钮，可删除当前选择的路径。

（2）"路径"面板的基本应用

下面讲解"路径"面板中的一些基本操作方法。

1）为路径填充：绘制路径后可以为其填充颜色、图案等。选中"路径"后单击"路径"面板中的"用前景色填充路径"按钮，即可快速为路径填充前景色。或者在"路径"面板中，选择一个路径并右击，弹出快捷菜单，如图 4-87 所示，执行"填充路径"命令，打开"填充路径"对话框，在此对话框中可以选择填充相应的内容，如图 4-88 所示。

图 4-87 执行"填充路径"命令

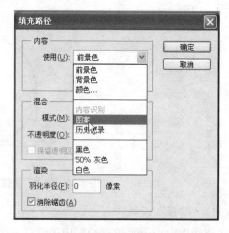

图 4-88 "填充路径"对话框

2）为路径描边：绘制路径后可以为其进行描边，在"路径"面板中单击"用画笔描边路径"按钮，描边默认为画笔工具，颜色为前景色。也可在路径上右击，在弹出的快捷菜单中执行"描边路径"命令，打开"描边路径"对话框，单击"工具"下拉按钮，可在下拉列表中选择各种

形式的描边，如图 4-89 所示。"模拟压力"可以使路径两端的描边变得带有自然过渡，如图 4-90
所示。

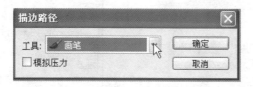

图 4-89   "描边路径"对话框

(a) 未使用"模拟压力"功能   (b) 使用"模拟压力"功能

图 4-90   "模拟压力"功能对比效果

3）路径与选区的相互转换：为了方便使用，经常会将路径与选区进行相互转换。将路径转
换为选区时，需要选中路径，然后单击"路径"面板中的"将路径作为选区载入"按钮；或者
按"Ctrl+Enter"组合键，即可快速地将路径转换为选区。按住"Alt"键的同时单击相应路径可
快速载入该路径的选区。选区转换为路径时，需要在有选区的情况下，单击"路径"面板中的
"从选区生成工作路径"按钮。

在使用选区转换路径时，应注意转换后的路径必须手动调整其形状，尤其是带有曲线的路
径，锚点会比较多。例如，正圆形的选区转换为路径后，路径的形状不够圆滑，有变形的情况
出现，在使用时应多加留意，如图 4-91 所示。

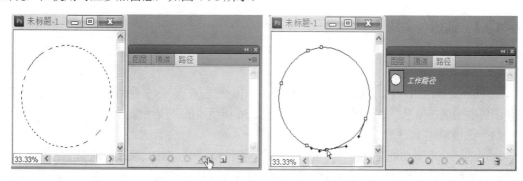

图 4-91   选区转换为路径的效果

4）创建新路径：在新建文件中使用钢笔工具或绘图工具都可以绘制出新路径，在不选择其
他路径或不新建路径层的情况下，软件默认的路径为"工作路径"，工作路径是 Photoshop 为所
有新路径指定的默认名称，所以绘制的路径在一个路径层中。单击"路径"面板中的"创建新
路径"按钮，可以创建新的路径层，如图 4-92 所示。按住鼠标左键不放，将某一路径拖动到"创

建新路径"按钮上，可以复制该路径，如图 4-93 所示。

图 4-92　创建新路径

图 4-93　快速复制路径

5）删除路径：在"路径"面板中选择要删除的路径，单击"路径"面板中右侧的"删除当前路径"按钮或直接将路径拖动到"删除当前路径"按钮上，即可删除路径，如图 4-94所示。

图 4-94　删除当前路径

6）选择、保存或隐藏路径：单击"路径"面板中的路径可选择路径，双击"工作路径"可将当前工作的路径保存起来，如不保存多个路径，则会绘制在同一个路径中或被其他路径代替；要隐藏选中的路径时，在"路径"面板的空白区域中单击即可。

4.4.2　通道与蒙版

1. 通道的应用

在 Photoshop CS5 中，通道是一种很重要的图像处理方法，它主要用来存储图像的色彩信息和图层中的选择信息。每个通道都是一个拥有 256 级色阶的灰度图像。

（1）通道概述

通道的一个主要功能是保存图像的颜色信息，例如，一个 RGB 模式的图像，它的每一个颜色信息数据都是由红（R）、绿（G）、蓝（B）这 3 个通道来记录的，而这 3 个色彩通道组合定义后就合成了一个 RGB 主通道。

通道的另一个主要功能是存放和编辑选区，也就是 Alpha 通道的功能。在 Photoshop 中，当选区被保存后，会自动成为一个蒙版并保存在一个新增的通道中，该通道会自动被命名为Alpha，如图 4-95 所示。

图 4-95　选区被存储之后会作为蒙版保存在 Alpha 通道中

（2）"通道"面板

"通道"面板用于创建、保存和管理通道。"通道"面板中显示了图像中的所有通道：首先是复合通道，然后是单个颜色通道、专色通道，最后是 Alpha 通道。

用户在图像编辑窗口中打开一张图像后，执行"窗口-通道"命令，将打开"通道"面板，如图 4-96 所示。

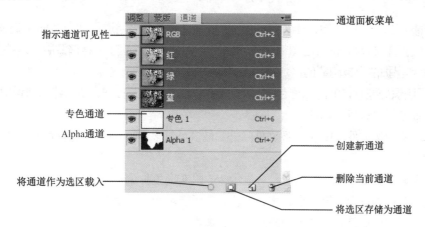

图 4-96　"通道"面板

"通道"面板中各主要选项的含义如下。

1）指示通道可见性：可控制通道的显示与隐藏，是一个开关键。

2）专色通道：保存专色信息，印刷时使用专色油墨。

3）Alpha 通道：保存创建的选区和蒙版。

4）将通道作为选区载入：将通道中的高光区域当做选区载入到图像编辑窗口中；按"Ctrl"键后再单击某通道，也会将其当做选区载入到图像编辑窗口中。

5）将选区存储为通道：可将当前选区存储为 Alpha 通道。

6）删除当前通道：将当前选择的通道删除。

7）创建新通道：可在"通道"面板中创建一个新的 Alpha 通道。

8）通道面板菜单：存储通道的相关操作。

（3）通道的类型

通道主要有 3 种类型，分别是颜色通道、Alpha 通道和专色通道，下面分别对其进行详细讲解。

1）颜色通道：颜色通道是在打开图像时自动创建的通道，它们记录了图像的颜色信息。图像的颜色模式不同，颜色通道数量也不相同。RGB 图像中包含红、绿、蓝通道和一个用于编辑图像的复合通道，CMYK 图像包含青色、洋红、黄色、黑色通道和一个复合通道，Lab 图像包含明度、a 通道、b 通道和一个复合通道，位图、灰度、双色和索引颜色图像都只有一个通道。下面分别是不同的颜色通道，如图 4-97 所示。

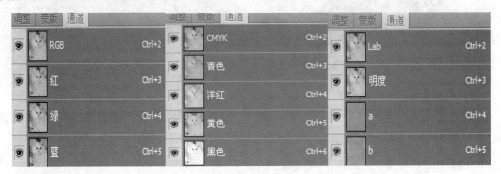

图 4-97   不同的颜色通道

2）Alpha 通道：在图像中创建选区后，可以将选区保存为通道，称为 Alpha 通道。Alpha 通道可以将选区存储为 8 位灰度图像，还可以使用 Alpha 通道创建并存储蒙版，这些蒙版可以处理、隔离和保护图像被隐藏的区域而不受任何编辑操作的影响。

在进行图像处理时，单击“通道”面板中的“创建新通道”按钮，所创建的通道即为 Alpha 通道。Alpha 通道具有以下属性。

① 每一个图像文件（16 位图像文件除外）最多可包含 24 个通道，包括所有的颜色通道和 Alpha 通道。

② 所有通道都是 8 位灰度图像，可显示 256 阶灰度色阶。

③ 用户可以为每个通道指定名称、颜色、蒙版选项和不透明度。

④ 所有新通道都具有与原图相同的尺寸和像素数目。

⑤ 用户可以使用工具箱中的绘画工具、编辑工具和菜单栏中的滤镜命令来编辑 Alpha 通道中的蒙版。

⑥ 用户可以将 Alpha 通道转换为专色通道。

⑦ 在用绘图工具对 Alpha 通道进行操作时，白色可使绘制的区域添加到通道中；黑色可使绘制区域从通道中删除。

3）专色通道：专色通道是一种特殊的混合油墨，一般用来替代或者附加到图像颜色油墨中。每一个专色通道都有属于自己的印板，在对一张含有专色通道的图像进行印刷输出时，专色通道会作为一个单独的页被打印出来。

① 要新建专色通道，可从面板的下拉菜单中执行“新建通道”命令，或者按“Ctrl”键并单击“新建”按钮，即可打开“新建专色通道”对话框，设定参数后单击“确定”按钮即可。

② 在用绘图工具对专色通道操作时，黑色可添加不透明度为 100%的专色；白色可减少专色区域的范围；若使用灰色绘制，则可添加不透明度较低的专色。

（4）编辑通道

在用 Photoshop CS5 处理图像时，有时需要将通道拆分，对拆分出的通道分别进行修改和编辑，然后将其合并以制作出特殊的图像效果。下面将分别对分离和合并通道进行介绍。

1）分离通道。用户可以将一张图像中的各个通道分离出来，使其各自作为一个单独的文件存在。分离后原文件被关闭，每一个通道均以灰度颜色模式成为一个独立的图像文件。

选择需要分离通道的图像，然后执行"通道"面板菜单中的"分离通道"命令，此时图像的每一个通道都会从原图中分离出来，同时原图文件会自动关闭，分离后的图像都以单独的窗口显示在屏幕上。分离后的图像都是灰度图像，不含有任何色彩，其文件名称是以原文件的名称为基础再加上原通道的英文缩写来命名的，如图 4-98 所示。

图 4-98　原图与分离后的各通道

2）合并通道。分离后的通道经过编辑和修改后，还可以重新合并成一张图像。也可以将任意 3 个灰度图像进行合并，从而得到奇妙的效果。

合并通道的具体步骤如下。

① 打开 3 张图片（图像的大小和分辨率必须相同），如图 4-99 所示。

图 4-99　打开的 3 张灰度模式的图像

② 执行"通道"面板菜单中的"合并通道"命令，打开"合并通道"对话框，如图 4-100 所示。

在"模式"下拉列表中选择合并后图像的颜色模式，可以是 RGB、CMYK、Lab 或多通道模式。在"通道"数值框中输入合并的通道数，若是 RGB 模式，则通道数为 3；若为 CMYK 模式，则通道数为 4。

③ 完成设置后单击"确定"按钮，此时将打开"合并 RGB 通道"对话框，如图 4-101 所示，在该对话框中可以分别选择各单色通道对应的原文件。

图 4-100　"合并通道"对话框　　　　　　图 4-101　"合并 RGB 通道"对话框

④ 设置好该对话框后，单击"确定"按钮完成合并，效果如图 4-102 所示。

图 4-102　合并通道效果

注意：　通道和图像要对应，三原色选中文件的不同会直接影响图像合并后的效果。单击"模式"按钮可以回到上级对话框。

（5）通道计算

通道在 Photoshop CS5 中是一个极有表现力的平台，使用通道计算功能可以将图像内部和图像之间的通道组合成新图像，同时能应用特殊的混合模式。它首先在两个通道的相应像素上执行数学运算（这些像素在图像上的位置相同），然后在单个通道中组合运算结果。使用该命令可以制作出一些特殊效果。

1）应用图像。执行"图像-应用图像"命令，可在源图像中选择一个或多个通道进行运算，然后将计算结果放到目标图像中，从而产生许多特殊的合成效果。

应用图像的具体操作步骤如下。

① 打开 3 张图片，分别为源图像、目标图像和蒙版，如图 4-103 所示。

图 4-103　打开的 3 张素材图像

注意：　首先确定这 3 张图像必须具有相同的大小和颜色模式。

② 执行"图像-应用图像"命令，打开"应用图像"对话框，如图 4-104 所示。

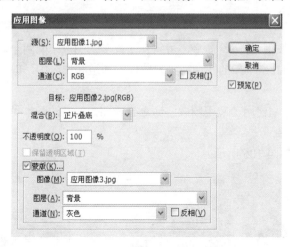

图 4-104　"应用图像"对话框

该对话框中主要选项含义如下。

a. 源：该选项显示的是当前打开的图像窗口，从中可选择一张图像与当前图像混合。默认为当前图像。

b. 图层：选择源图像中的图层参与计算。若没有图层，则只能选择"背景"选项；若有多个图层，则除了可以选择某一个图层外，还可以选择"合并的"选项，表示选中所有图层。

c. 通道：选择源图像中的通道参与计算。若勾选"反相"复选框，则将源图像反相后进行计算。

d. 混合：选择需要的合成模式并进行计算。

e. 不透明度：用于设置合成图像的不透明度，调整合成透明效果。

f. 保留透明区域：勾选该复选框后，只对不透明区域进行合并。若选择"背景"图层，则该复选框不能使用。

g．蒙版：勾选该复选框后，将弹出下拉列表。在"图像"下拉列表中，可以选择一个图像窗口的图层或通道作为蒙版来参与计算。

③ 设置好各选项后，单击"确定"按钮，合成后的效果如图 4-105 所示。

图 4-105　合成后的图像效果

> **注意：**　源图像、目标图像及蒙版选中图像的不同，执行"应用图像"命令后，将出现不同的效果文件。

2）计算。执行"图像-计算"命令，可将一张或多张图像中的两个通道以各种方式混合，并能将混合的结果应用到一个新的图像或当前图像的通道和选区中，但计算命令不能混合复合通道。

使用"计算"命令与使用"应用图像"命令合成图像的方法基本类似，具体可按以下步骤进行。

① 打开图片，如图 4-106 所示。

图 4-106　打开的素材图像

> **注意：**　3 张源图像的像素尺寸必须相同。若源 1、源 2 及蒙版选中图像不同，则执行"计算"命令后，将出现不同的效果文件。计算命令不能混合复合通道。

② 执行"图像-计算"命令，打开"计算"对话框，如图 4-107 所示。

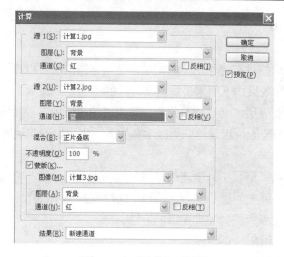

图 4-107　"计算"对话框

该对话框中的主要选项含义如下。

a. 源 1：选择要参与计算的第一张图像。系统默认为当前编辑的图像。

b. 图层：选择要使用的图层。

c. 通道：选择第一张源图像中要进行计算的通道名。

d. 反相：用于反转。

e. 源 2：选择要参与运算的第二张图像。

f. 混合：选择图像合成模式。

g. 结果：选择如何应用混合模式结果。其中，"新建通道"选项用于将混合结果作为一个新的 Alpha 通道加载到当前编辑图像中；"新建文档"选项用于将混合结果加载到一张新建的图像中，该图像只有一个通道，即混合后的通道；"选区"选项用于将混合结果转换为一个选区并加载到当前编辑图像中。

③ 设置好各选项后，单击"确定"按钮，使用"计算"命令后合成的图像效果如图 4-108 所示。

图 4-108　合成后的图像效果

4.4.3 蒙版的应用

在 Photoshop 中有一些具有特殊功能的图层，使用这些图层可以在不改变图层中原有图像的基础上制作出多种特殊效果。下面来讲解这个特殊的图层——蒙版。

有蒙版的图层称为蒙版层。通过调整蒙版，可以对图层应用各种特殊效果，但不会实际影响该图层上的像素。应用蒙版可以使这些更改永久生效，也可以删除蒙版而不应用更改。

1．矢量蒙版

矢量蒙版是由钢笔或者形状工具创建的、与分辨率无关的蒙版，它通过路径和矢量形状来控制图像显示的区域，常用来创建 LOGO、按钮、面板或其他 Web 设计元素。

下面讲解使用矢量蒙版为图像添加图形的方法。

1）打开一张图片，如图 4-109 所示。

2）选择工具箱中"自定义形状工具"，并在其属性栏中选择"路径" ，单击"点按可打开自定义形状"拾色器按钮，在下拉列表中选择"星爆"选项，并拖动鼠标绘制所需的形状，如图 4-110 所示。

图 4-109　源图像   图 4-110　绘制"星爆"形状

3）执行"图层-矢量蒙版-当前路径"命令，基于当前路径创建矢量蒙版，路径区域外的图像即被蒙版遮盖，如图 4-111 所示。

图 4-111　添加矢量蒙版后的图像效果

2．蒙版的应用

下面主要学习蒙版的基本操作，主要包括创建蒙版、删除蒙版和停用蒙版等。

（1）创建蒙版

单击"图层"面板下方的"添加图层蒙版"按钮，可以添加一个"显示全部"蒙版。其蒙版内为白色填充，表示图层内的像素信息全部显示，如图 4-112 所示。

也可以执行"图层-图层蒙版-显示全部"命令来完成此次操作。执行"图层-图层蒙版-隐藏全部"命令，可以添加一个"隐藏全部"蒙版。其蒙版内填充为黑色，表示图层内的像素信息全部被隐藏，如图 4-113 所示。

图 4-112　蒙版内为白色填充　　　　　　　　图 4-113　蒙版内为黑色填充

（2）删除蒙版与停用蒙版

删除蒙版与停用蒙版的方法有多种。

删除蒙版有以下 3 种方法。

1）选中图层蒙版，然后将其拖动到"删除"按钮上，则会打开删除蒙版对话框，如图 4-114 所示。单击"删除"按钮，蒙版即被删除；单击"应用"按钮，蒙版被删除，但是蒙版效果会保留在图层上；单击"取消"按钮，则取消这次删除操作。

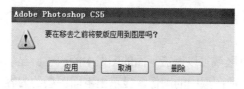

图 4-114　删除蒙版

2）执行"图层-图层蒙版-删除"命令，蒙版将被删除，但是蒙版效果会被保留在图层上。

3）选中图层蒙版，按住"Alt"键，单击"删除"按钮，可以将图层蒙版直接删除。

停用蒙版有以下方法。

1）执行"图层-图层蒙版-停用"命令，蒙版缩览图上将出现红色叉号，表示蒙版被暂时停止使用，如图 4-115 所示。

图 4-115　停用蒙版

2）按住"Shift"键的同时单击蒙版缩览图，可以在停用蒙版和启用蒙版状态之间进行切换。

3．快速蒙版

应用快速蒙版可以创建一个暂时的图像上的屏蔽，同时亦会在"通道"面板中产生一个暂时的 Alpha 通道。它会对所选区域进行保护，使其免于被操作，而处于蒙版范围内的地方可进行编辑与处理。

> **注意：** 将前景色设定为白色，用画笔修改可以近擦除蒙版（添加选区）；将前景色设定为黑色，用画笔修改可以添加蒙版（删除选区）。

4．剪贴蒙版

剪贴蒙版是一种非常灵活的蒙版，它可以使用下层图层中图像的形状来限制上层图像的显示范围，因此可以通过一个图层来控制多个图层的显示区域。剪贴蒙版的创建和修改方法非常简单。

5．图层蒙版

图层蒙版是加在图层上的一个遮盖，通过创建图层蒙版，可以隐藏或显示图像中的部分或全部内容。

在图层蒙版中，纯白色区域可以遮盖下面的图像中的内容，显示当前图层中的图像；蒙版中的纯黑色区域可以遮罩当前图层中的图像，显示出下面图层的内容；蒙版中的灰色区域会根据其灰度值使当前图层中的图像呈现出不同层次的透明效果。

如果要隐藏当前图层中的图像，则可以使用黑色涂抹蒙版；如果要显示当前图层中的图像，则可以使用白色涂抹蒙版；如果要使当前图像呈现半透明效果，则可使用灰色涂抹蒙版。下面来具体介绍图层蒙版的使用方法。

1）打开两张图片，如图 4-116 所示。

图 4-116　源图像

2）将天空图片拖入船图片中，在"图层"面板底部单击"添加图层蒙版"按钮，为天空图层添加图层蒙版，效果如图 4-117 所示。

图 4-117　拖入图片的效果及"图层"面板

3）使用工具箱中的"渐变工具"，创建黑白渐变，效果如图 4-118 所示。

图 4-118　使用渐变工具后的效果

小　结

21 世纪的包装，已由简单的保护、容纳功能，发展成为沟通生产与消费的桥梁，包装设计作为一种重要的文化现象，已成为人类经济活动中的自觉行为，在其发展过程中已由过去的产品包装升华为当今的文化包装。汇集工业生产、科学技术、文化艺术、民俗风貌等多种元素为一体的包装，不仅可以保护、宣传商品，更可以促销商品和提高商品的附加价值。

课后训练 4

学生走访市场进行食品包装设计，好的包装设计不仅可以吸引人们的注意力，还应使人们能迅速地识别出商品的种类，使商品信息能更准确、更直接地传达。设计要求如下。

① 在食品包装中，应注意文字和图形的表现。文字应简洁生动、易读易记；图形则一般采用食品自身的形象作为主体形象，使产品信息更加直观。

② 食品包装还应充分地考虑到味觉的表现，从而引起消费者的食欲。例如，不同的色彩会给人不同的味觉感受，如苦涩感的黑棕色、甜美感的红色、香味四溢的黄色、新鲜酸甜的绿色等。

③ 不同年龄的消费群体对食品包装的要求也有所不同。例如，儿童食品包装应考虑到儿童的心理，采用活泼新颖的字体，以及儿童所喜爱的形象，如可爱的动物、卡通人物等。

④ 熟练使用 Photoshop CS5 相关工具，掌握其操作的技巧和重要环节，完成创作。

项目 5　网页制作

自从 Photoshop 出现了"切图"等专为网页设计定制的功能后，设计的中心已慢慢转向了 Photoshop。因为 Photoshop 本身以图像为基础的特性，决定了它能对版面施以更精确的控制，使网页的页面能够更加灵活和生动地布局，这几乎完全解放了网页设计师的创作灵感，不再受网页表格的约束。

重点提示：
- ↘　网页的版面布局
- ↘　滤镜的应用

任务 1　汽车网页制作

5.1.1　主题说明

网页设计作为一种视觉语言特别讲究编排和布局，通过文字、图形的空间组合，表达出和谐与美，使浏览者在接收网页信息的同时有流畅的视觉体验。Photoshop CS5 已具备了网页设计的各种功能，越来越多的网页设计师已开始运用 Photoshop 设计画面独特、新颖的网页。通过设计制作"汽车网页"来掌握网页设计的方法与基本流程。

5.1.2　实施操作

1）执行"文件-新建"命令，新建文件（1024 像素×1000 像素、分辨率为 72、RGB 模式），打开如图 5-1 所示的对话框。

图 5-1　新建文件

2）按"Ctrl+R"组合键，打开标尺，在标尺上右击，在弹出的快捷菜单中选择"像素"作为单位。使用工具箱中的"移动工具"拖动出如图 5-2 所示的参考线。

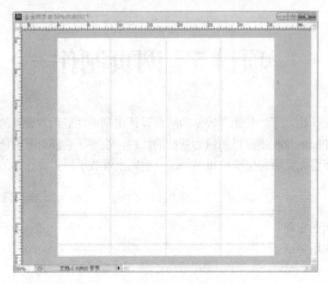

图 5-2　辅助线设置

3）使用工具箱中的"渐变工具"工具，设置从蓝色（R134、G204、B243）到白色（R255、G255、B255）的渐变，如图 5-3 所示，按住鼠标左键不放，向下拖至 3.5cm 处，效果如图 5-4 所示。

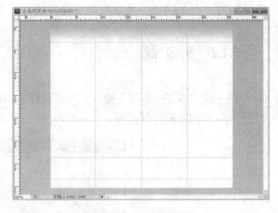

图 5-3　"渐变编辑器"对话框　　　　　　图 5-4　填充渐变颜色

4）使用工具箱中的"移动工具"将"公司 Logo.psd"拖入，快速合成图像，如图 5-5 所示。

5）使用工具箱中的"移动工具"将"网页导航栏.jpg"拖入，快速合成图像，如图 5-6 所示。

图 5-5 公司 LOGO   图 5-6 网页导航栏

6）使用工具箱中的"移动工具"将"背景.jpg"拖入，快速合成图像，如图 5-7 所示。

7）使用工具箱中的"移动工具"将"精品展示.jpg"、"企业介绍.jpg"、"汽车维护.jpg"、"购车常识.jpg" 4 张图片分别拖入，快速合成图像，如图 5-8 所示。

图 5-7 拖入背景图片   图 5-8 拖入 4 张图片

8）使用工具箱中的"移动工具"将"汽车 1"～"汽车 4.jpg" 4 张图片分别拖入，快速合成图像，并按"Ctrl+T"组合键进行适当调整，如图 5-9 所示。

9）使用工具箱中的"移动工具"将"状态栏.jpg"图片拖入，快速合成图像，并按"Ctrl+T"组合键进行适当调整，如图 5-10 所示。

10）使用工具箱中的"移动工具"将"横条.jpg"图片拖入，快速合成图像，并按"Ctrl+T"组合键进行适当调整，最终效果如图 5-11 所示。

图 5-9　拖入 4 张汽车图片　　　　　　　　　　图 5-10　拖入状态栏

图 5-11　最终效果

11）执行"文件-存储为 Web 和设备所用格式"命令，打开"存储为 Web 和设备所用格式（100%）"对话框，如图 5-12 所示，并根据需要设置相关的选项，单击"存储"按钮，打开"将优化结果存储为"对话框，如图 5-13 所示，设置文件保存的位置，在"格式"下拉列表中选择"HTML 和图像"选项，单击"保存"按钮，即可将"汽车网页"以 HTML 和图像的格式保存起来。双击其中的"汽车网页.html"文件，即可在 IE 浏览器中打开"汽车网页"，如图 5-14 所示。

图 5-12　"存储为 Web 和设备所用格式（100%）"对话框

图 5-13　"将优化结果存储为"对话框

图 5-14　在 IE 浏览器中打开"汽车网页"

5.1.3　总结与点评

在设计网页时，应根据网站的类型来决定整体的色调、画面布局及字体的类型。由于本网页是一个汽车网页，因此，将网页的基本色调确定为蓝色，其中的文字使用较多的是比较简单规整的字体样式。

任务 2　房地产网页制作

5.2.1　主题说明

房地产网页的设计，主要是以精美的楼盘实景图片、人性化的设计来突出显示此房地产项目，使用 Photoshop CS5 即可轻松实现。

5.2.2　实施操作

1．设置辅助线

1）执行"文件-新建"命令，新建文件（1323 像素×1182 像素、分辨率为 96、RGB 模式），打开如图 5-15 所示的对话框。

2）按"Ctrl+R"组合键，打开标尺，在标尺上右击，在弹出的快捷菜单中选择"像素"作为单位。使用工具箱中的"移动工具"拖动出如图 5-16 所示的参考线。

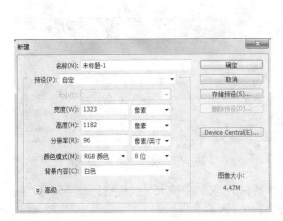

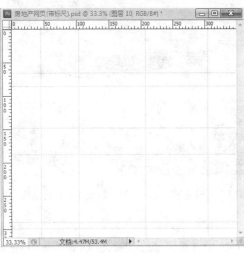

图 5-15　新建文件　　　　　　　　　　　　图 5-16　创建参考线

3）使用工具箱中的"移动工具"将"背景.psd"拖入，快速合成图像，如图 5-17 所示。

4）使用工具箱中的"移动工具"将"背景 1.psd"及"公司 Logo.psd"拖入，快速合成图像，如图 5-18 所示。

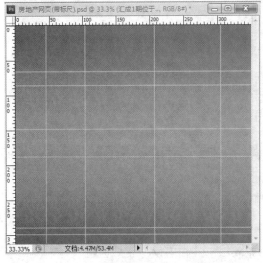

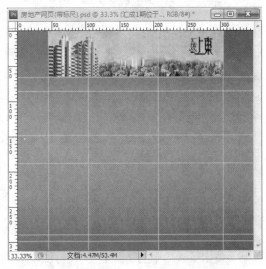

图 5-17　拖入背景图片　　　　　　　　　图 5-18　拖入背景 1 及公司标志图片

5）使用工具箱中的"移动工具"将"背景 2.psd"、"广告背景.psd"及"导航栏背景.psd"

拖入，快速合成图像，如图 5-19 所示。

6）使用工具箱中的"移动工具"将"公告栏.psd"及"左下框.psd"拖入，快速合成图像，如图 5-20 所示。

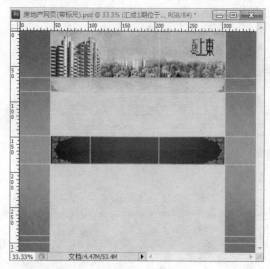

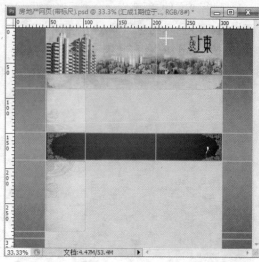

图 5-19　拖入背景 2、广告背景及导航栏背景图片　　　　图 5-20　拖入公告栏及左下框图片

7）使用工具箱中的"横排文字工具"在"背景.psd"文档中输入导航栏信息，字体为"隶书"，大小为"18 点"，颜色为 CMYK（71，97，100，42）。

8）在"图层"面板中双击导航栏文字所在的图层，打开"图层样式"对话框，选择"投影"效果并设置相关参数，如图 5-21 所示，再选择"内阴影"效果并设置相关参数，如图 5-22 所示，单击"确定"按钮，应用图层样式，效果如图 5-23 所示。

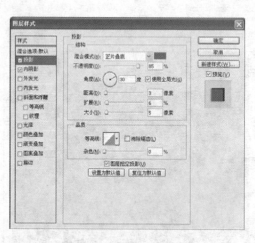

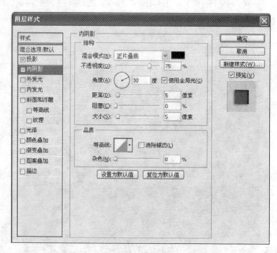

图 5-21　"投影"参数设置　　　　　　　　图 5-22　"内阴影"参数设置

9）使用工具箱中的"横排文字工具"，在"背景.psd"文档中输入"汇成公告"，字体为"华文行楷"，大小为"18 点"，颜色为 CMYK（71，97，100，42）。按照相同的方式，输入"更多…"，并设置文字的大小、字体和颜色。

10）使用工具箱中的"移动工具"将"公司公告.psd"拖入，快速合成图片，然后按"Ctrl+T"

组合键调整其位置和大小，如图 5-24 所示。

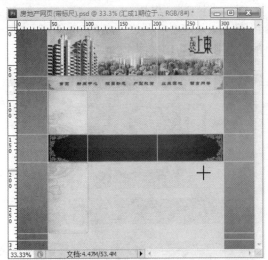
图 5-23　图层效果

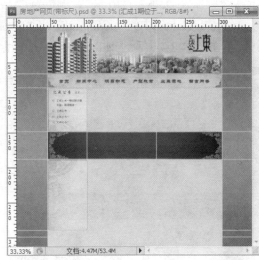
图 5-24　输入相关文字

11）使用工具箱中的"自定形状工具"，选择如图 5-25 所示的形状样式，在文档中绘制一个形状。

12）使用工具箱中的"横排文字工具"，在"背景.psd"文档中输入"新闻快讯"，字体为"宋体"，大小为"14 点"，颜色为 CMYK（92，88，88，79）。在"图层"面板中选择"更多…"文字所在的图层，按住鼠标左键不放将该图层拖动至"新建图层"按钮上，复制图层"更多…副本"，使用工具箱中的"移动工具"移动该图层至合适的位置，如图 5-26 所示。

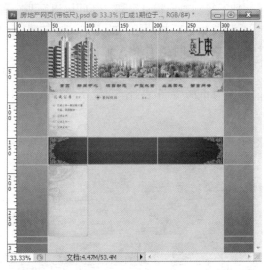
图 5-26　输入"新闻快讯"相关文字

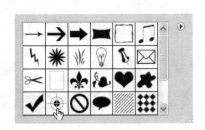
图 5-25　选择自定义形状

13）使用工具箱中的"移动工具"将"03.psd"拖入，快速合成图片，按"Ctrl+T"组合键调整其位置和大小。

14）使用工具箱中的"直线工具"，在文档中绘制一条直线，然后复制 4 条直线，并调整它们的位置，如图 5-27 所示。

15）使用工具箱中的"横排文字工具"，在"背景.psd"文档中输入新闻快讯的相关文字，字体为"宋体"，大小为"10 点"，颜色为 CMYK（92，88，88，79）。

16）使用工具箱中的"移动工具"将"02.psd"拖入，快速合成图片，按"Ctrl+T"组合键调整其位置和大小。按照上述的方法，制作楼盘介绍的相关内容，如图 5-28 所示。

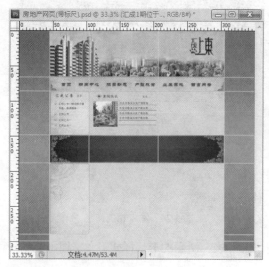 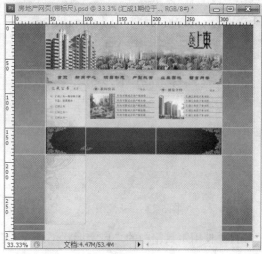

图 5-27   "新闻快讯"图片及其余文字   图 5-28   "楼盘介绍"图片及其余文字

17）复制"形状 1"和"新闻快讯"两个图层，调整其位置，修改"新闻快讯"为"楼盘抢先看"。使用工具箱中的"移动工具"将"01.psd"拖入，快速合成图片，按"Ctrl+T"组合键调整其位置和大小，如图 5-29 所示。

18）复制"形状 1"和"新闻快讯"两个图层，调整其位置，修改"新闻快讯"为"楼盘展示-汇成 1 期"。按照相同的方式，制作"楼盘展示-汇成 2 期"、"楼盘展示-汇成 3 期"和"楼盘展示-汇成 4 期"，如图 5-30 所示。

19）使用工具箱中的"移动工具"将"汇成 1 期.jpg"、"汇成 2 期.jpg"、"汇成 3 期.jpg"、"汇成 4 期.jpg"等 4 张图片拖入，然后按"Ctrl+T"组合键调整其位置和大小，如图 5-31 所示。

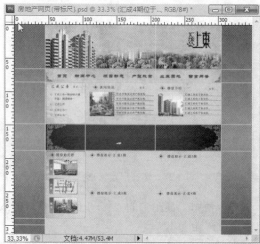

图 5-29   "楼盘抢先看"图片及文字   图 5-30   "楼盘展示"文字

20）使用工具箱中的"横排文字工具"，在"背景.psd"文档中输入楼盘展示的相关文字，字体为"宋体"，大小为"10 点"，颜色为CMYK（92，88，88，79），如图 5-32 所示。

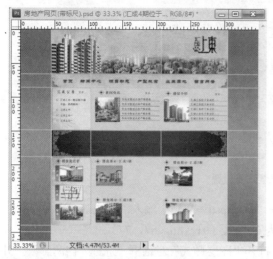 

图 5-31　楼盘展示图片　　　　　　　图 5-32　楼盘展示其他文字

21）使用工具箱中的"横排文字工具"，在"背景.psd"文档中输入"拥有汇成，投资生活美好前程！"文字，字体为"华文行楷"，大小为"18 点"，颜色为CMYK（172，0，100，0），显示效果为"仿斜体"。

22）选中"拥有汇成，投资生活美好前程！"文字信息，单击属性栏中的"变形文字"按钮，打开"变形文字"对话框，在"样式"下拉列表中选择"旗帜"选项，参数设置如图 5-33 所示，设置完成后单击"确定"按钮，即可将文字变形，如图 5-34 所示。

图 5-33　变形文字参数设置　　　　　　图 5-34　变形文字效果

23）双击"拥有汇成，投资生活美好前程！"文字所在的图层，打开"图层样式"对话框，选择"投影"效果，设置投影的相关参数，如图 5-35 所示，单击"确定"按钮，即可应用图层样式。

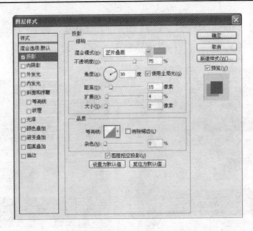

图 5-35　投影参数设置

24）使用工具箱中的"横排文字工具"，在"背景.psd"文档中输入"汇成.上东"文字，字体为"华文琥珀"，大小为"32.25 点"，颜色为 CMYK（91，86，87，77）。

25）双击"汇成.上东"文字所在的图层，打开"图层样式"对话框，选择"内阴影"、"外发光"和"斜面和浮雕"等效果，相关参数如图 5-36～图 5-38 所示，单击"确定"按钮，即可应用图层样式，如图 5-39 所示。

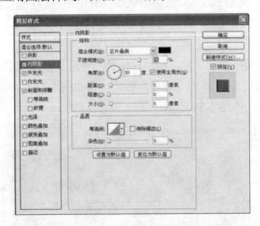

图 5-36　内阴影参数设置

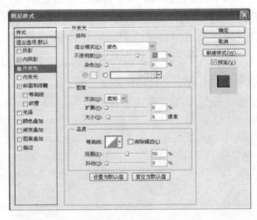

图 5-37　外发光参数设置

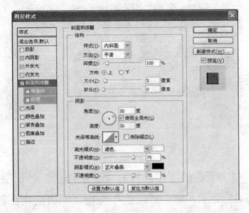

图 5-38　斜面和浮雕参数设置

图 5-39　文字效果

26）使用工具箱中的"横排文字工具"，在"背景.psd"文档中输入"四期开盘，敬请期待"文字，字体为"华文琥珀"，大小为"22.84 点"，颜色为 CMYK（4，5，4，0），并使用"仿斜体"显示，如图 5-40 所示。

图 5-40　输入文字

27）双击"四期开盘，敬请期待"文字所在的图层，打开"图层样式"对话框，选择"投影"和"斜面和浮雕"效果，相关参数如图 5-41 和图 5-42 所示。

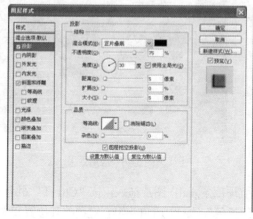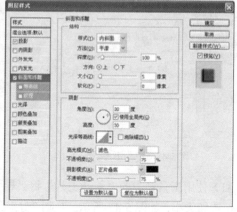

　　图 5-41　投影参数设置　　　　　　　　　图 5-42　斜面和浮雕参数设置

28）使用工具箱中的"移动工具"将"火爆.psd"图片拖入，然后按"Ctrl+T"组合键调整其位置和大小，如图 5-43 所示。

29）使用工具箱中的"横排文字工具"，在"背景.psd"文档中输入"版权所有：汇成房地产开发有限责任公司地址：北京市惠济区天明路 2 号　E-mail123@163.com 联系电话：010-123456 13012345678 联系人：王某"等文字，字体为"宋体"，大小为"10 点"，颜色为 CMYK（92，88，88，79），并使用"仿斜体"显示。

30）双击版权信息所在的图层，打开"图层样式"对话框，选择"投影"和"内阴影"效果，相关参数如图 5-44 和图 5-45 所示。单击"确定"按钮，即可应用图层样式，如图 5-46 所示。

图 5-43　输入文字

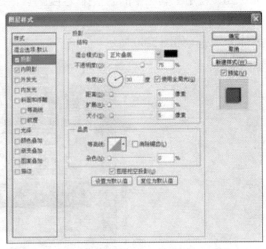

图 5-44　投影参数设置

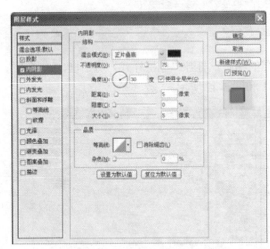

图 5-45　内阴影参数设置

图 5-46　应用效果

31）使用工具箱中的"移动工具"将"导航顶部条.psd"图片拖入，按"Ctrl+T"组合键调整其位置和大小，如图 5-47 所示。复制"导航顶部条"，按"Ctrl+T"组合键调整其位置和大小，执行"编辑-变换-旋转 180°"命令，将其放入如图 5-48 所示的位置。

图 5-47　"导航顶部条"放入顶部

图 5-48　"导航顶部条"放入底部

32）使用工具箱中的"移动工具"将"上色块.psd"及"下色块.psd"图片拖入，按"Ctrl+T"组合键调整其位置和大小，如图 5-49 所示。

图 5-49　拖入"上色块"及"下色块"

33）选择"文件-存储为 Web 和设备所用格式"命令，进行相关参数设置，将其存储为"HTML 和图像"，双击其中的"房地产网页.html"文件，即可在 IE 浏览器中打开"房地产网页"，如图 5-50 所示。

图 5-50　IE 浏览器中的效果

5.2.3 总结与点评

房地产网页一般要给客户温暖的感觉，所以该网页的主色调采用了庄重大方的黄色，并配以温暖舒心的绿色和明黄色。同时，精美的楼盘图片往往是吸引人浏览的重要元素。

任务3 网页制作相关知识

5.3.1 网页制作基本要求

由于目前所见即所得类型的工具越来越多，使用也越来越方便，所以制作网页已经变成了一个轻松的工作，不像以前那样要手工编写一行行的源代码。一般来说，初学者经过短暂的学习即可学会制作网页，于是他们认为网页制作非常简单，但匆忙制作出的网站非常粗糙，这是为什么呢？常言道："性急吃不了热豆腐"。建立一个网站就像盖一幢大楼一样，它是一个系统工程，有自己特定的工作流程，只有遵循这些步骤，按部就班，才能设计出一个令人满意的网站。

1. 确定网站主题

网站主题就是建立的网站所要包含的主要内容，一个网站必须要有一个明确的主题。特别是对于个人网站而言，不可能像综合网站那样做得内容大而全，包罗万象。因为个人既没有这些能力，也没有这些精力，所以必须要找准一个自己最感兴趣内容，做深、做透，办出自己的特色，这样才能给用户留下深刻的印象。网站的主题无定则，只要是感兴趣的，任何内容都可以，但主题要鲜明，在主题范围内，内容要做到大而全、精而深。

2. 搜集材料

明确了网站的主题以后，要围绕主题开始搜集材料。要想让自己的网站"有血有肉"，能够吸引用户，就要尽量搜集材料，搜集的材料越多，制作网站就越容易。材料既可以从图书、报纸、光盘、多媒体上得来，也可以从互联网上搜集，然后把搜集的材料去粗取精、去伪存真，作为自己制作网页的素材。

3. 规划网站

一个网站设计是否成功，在很大程度上取决于设计者的规划水平，规划网站就像设计师设计大楼一样，图纸设计好了，才能建成一座漂亮的大楼。网站规划包含的内容很多，如网站的结构、栏目的设置、网站的风格、颜色搭配、版面布局、文字图片的运用等，只有在制作网页之前把这些方面都考虑到了，才能在制作时驾轻就熟，胸有成竹。也只有如此，制作出来的网页才能有个性、有特色、有吸引力。

4. 选择合适的制作工具

尽管选择什么样的工具并不会影响设计网页的好坏，但是一款功能强大、使用简单的软件往往可以起到事半功倍的效果。网页设及的工具比较多，首推网页制作工具，目前大多数网民选用的是所见即所得的编辑工具，这其中的优秀者是 Dreamweaver 和 Frontpage，如果是初学者，Frontpage 是首选。除此之外，还有图片编辑工具，如 Photoshop、Photoimpact 等；动画制作工具，如 Flash、Cool 3d、Gif Animator 等；网页特效工具，如有声有色等。网上有许多这方面的软件，可以根据需要灵活运用。

5. 制作网页

材料准备好了，工具也选择好了，下面就需要按照规划把自己的想法变成现实，这是一个复杂而细致的过程，一定要按照先大后小、先简单后复杂的顺序来制作。所谓先大后小，就是说在制作网页时，先把大的结构设计好，再逐步完善小的结构设计。所谓先简单后复杂，就是说先设计出简单的内容，再设计复杂的内容，以便出现问题时及时修改。在制作网页时要多灵活运用模板，这样可以大大提高制作效率。

6. 上传测试

网页制作完毕后，要发布到 Web 服务器上，才能让全世界的朋友观看。现在上传的工具有很多，有些网页制作工具本身就带有 FTP 功能，利用这些 FTP 工具，可以很方便地把网站发布到自己申请的主页存放服务器上。网站上传以后，要在浏览器中打开自己的网站，逐页、逐个链接的进行测试，发现问题后要及时修改，再上传测试。全部测试完毕后可以把自己网站的网址告诉朋友，让他们来浏览。

7. 推广宣传

网页做好之后，还要不断地进行宣传，这样才能让更多的朋友认识它，提高网站的访问率和知名度。推广的方法有很多，如到搜索引擎上注册、与其他网站交换链接、加入广告链接等。

8. 维护更新

网站要注意经常维护更新内容，保持内容的新鲜，只有不断地给网站补充新的内容，才能够吸引浏览者。

5.3.2 网页的色彩

1. 色彩的含义

色彩本身是无任何含义的，含义只是人赋予它的。但色彩确实可以在不知不觉间影响人的心理，左右人的情绪，所以有人给各种色彩加上了特定的含义。

红色：热情、奔放、喜悦、庄严。

黄色：高贵、富有、灿烂、活泼。

黑色：严肃、夜晚、沉着。

白色：纯洁、简单、洁净。

蓝色：天空、清爽、科技。

绿色：植物、生命、生机。

灰色：庄重、沉稳。

紫色：浪漫、富贵。

棕色：大地、厚朴。

2. 网页的色彩的对比

不同色彩之间的对比会有不同的效果。当两种颜色同时使用时，这两种颜色各自走向自己的极端。例如，红色与绿色对比，红的更红，绿的更绿；黑色与白色对比，黑的更黑，白的更白。由于人的视觉不同，对比的效果通常也会有所不同。当大家长时间看一种纯色，如红色时，若再看周围的人，就会发现周围的人脸色会变成绿色，正是因为红色与周围颜色的对比，形成了对我们视觉的刺激。色彩的对比会受很多因素影响，如色彩的面积、时间、亮度等。色彩的对比有很多方面，色相的对比就是其中的一种。当大家用湖蓝与深蓝对比时，会发觉深蓝带一点紫色，而湖蓝则有一点绿色。各种纯色的对比会产生鲜明的色彩效果，很容易给人带来视觉与心理的满足。

红色与黄色对比：红色会使人想起玫瑰的味道，而黄色则会使人想起柠檬的味道。 绿色与紫色对比：有鲜明的特色，令人感觉到活泼、自然。红、黄、蓝 3 种颜色是最极端的色彩，它们之间对比时，哪一种颜色都无法影响对方。色彩间的对比也有纯度对比，例如，黄色是夺目的色，但是加入灰色会失去其夺目的光彩，通常可以用混入黑、白、灰色来对比纯色，这样可以减低其纯度。纯度的对比会使色彩的效果更明确肯定。

3. 色彩的大小和形状

有很多因素会影响色彩的对比效果，色彩的大小就是其中最重要的一项，如果两种色彩同样大小，那么这两种颜色之间的对比十分强烈，但是当它们大小不一样时，小的一种色就会成为大的色的补充。色彩的大小会令色彩的对比有一种生动效果，如在一大片绿色中加入一小点红色，大家会注意到红色在绿色的衬托下很抢眼，这就是色彩的大小对效果的影响，在大面积的色彩陪衬下，小面积的纯色会突出特别的效果，但是如果用较淡的色彩，则会让大家感觉不到这种色彩的存在。例如，在黄色中加入淡灰色，大家根本不会注意到淡灰色。不知大家是否留意到，在不同的形状中，同一种色彩也会有不同的效果，如在一个正方形和一条线上用红色，会发现正方形更能表现红色稳重、喜庆的感觉。不同的形状会使同一种色彩产生不同的效果，这里推荐圆形用蓝色，这样给人辽阔、博大的感觉；三角形用黄色，三角形的尖锐感与黄色的刺目感配合效果更佳；梭形建议用鲜蓝色；平行四边形用绿色。不同的形状即使用同种色也会有不同的效果。

4. 色彩的位置

色彩所处的位置不同也会造成色彩对比的不同。试把两个同样大小的色彩放在不同的位置，譬如前后，则会觉得后面的颜色要比前面的颜色暗些。正是由于所处位置的不同，导致了眼睛视觉的不同。大家尝试在画图中使用渐变工具，则会觉得多种色彩在一起会有一种不同的效果。同样的色相但纯度不同的色彩组合在一起会有令人吃惊的效果。不要以为渐变层很简单，它内含着色彩运用的一项重要的作用。色彩的渐变中有一种调子，如同歌曲里的谱一样，暗色中含高亮度的对比，会给人以清晰、激烈的感觉，如深黄到鲜黄色；暗色中间含高亮度的对比，会给人以沉着、稳重、深沉的感觉；如深红中间是鲜红；中性色与低高度的对比，给人以模糊、朦胧、深奥的感觉，如草绿中间是浅灰；纯色与高亮度的对比，给人以跳跃舞动的感觉，如黄色与白色的对比。纯色与低亮度的对比；给人以轻柔、欢快的感觉，如浅蓝色与白色；纯色与暗色的对比，给人以强硬、不可改变的感觉。

5. 网页配色的常用规律

1）黑色、白色、灰色可进行搭配。

2）中性色和任何一种颜色搭配。填充颜色的部分较大时，最好使用黑色、白色、灰色等。

3）用一种色彩。这里是指先选定一种色彩，然后调整透明度或者饱和度，产生新的色彩，用于网页。这样的页面看起来色彩统一，有层次感。

4）用对比色彩。先选定一种色彩，然后选择它的对比色，如蓝色和黄色就是对比色，这样整个页面色彩丰富但不花哨。

5）不要将所有颜色都用到，尽量控制在 3 种色彩以内。

6）背景和前文的对比尽量要大，绝对不要用花纹繁复的图案做背景，以便突出主要文字内容。

7）最好不要使用大面积的高饱和度的纯色，当必须使用时，该色占用的幅面最好较小。

8）背景与文字内容的亮度（0～255）差最好在 102 以上。

9）当网站面对的用户超出本国范围时，最好使用完全色。

6．网站使用颜色的类型

1）公司色：现在企业中，公司的 CI 形象显得尤其重要，公司的 CI 设计必然要有标准的颜色。例如，新浪网的主色调是一种介于浅黄和深黄之间的颜色，同时形象宣传、海报、广告使用的颜色都和网站的颜色一致。再如，国富投资公司的主色调是 C100%，M60%，Y0%，K0%。这样的颜色使用到网站上显得色调自然、底蕴深厚。

2）风格色：许多网站使用颜色秉承的是公司的风格。例如，海尔使用的颜色是一种中性的绿色，即充满朝气又不失自己的创新精神。女性网站使用粉红色的较多，大公司使用蓝色的较多，这些都是在突出自己的风格。

3）习惯色：这些网站的颜色使用很大一部分是凭自己的个人爱好决定的，如自己喜欢红色、紫色、黑色等，在做网站的时候就倾向于使用这些颜色。每一个人都有自己喜欢的颜色，因此这种类型称为习惯色。

5.3.3　网页构成基本元素

1．文本

一般情况下，网页中最多的内容是文本，可以根据需要对其字体、大小、颜色、底纹、边框等属性进行设置。建议用于网页正文的文字一般不要太大，也不要使用过多的字体，中文文字一般可使用宋体，大小一般使用 9 磅或 12 像素左右即可，如图 5-51 所示。

图 5-51　网页文字效果

2. 图像

丰富多彩的图像是美化网页必不可少的元素，用于网页上的图像一般为 JPG 格式和 GIF 格式。网页中的图像主要用于点缀标题的小图片，介绍性的图片，代表企业形象或栏目内容的标志性图片，用于宣传广告等，如图 5-52 所示。

图 5-52　网页图像效果

3. 超级链接

超级链接是 Web 网页的主要特色，是指从一个网页指向另一个目的端的链接。这个"目的端"通常是另一个网页，也可以是下列情况之一：相同网页上的不同位置、一个下载的文件、一张图片、一个 E-mail 地址等。超级链接可以是文本、按钮或图片，鼠标指针指向超级链接位置时，会变成小手形状。

4. 导航栏

导航栏是一组超级链接，用来方便地浏览站点。导航栏一般由多个按钮或者多个文本超级链接组成，如图 5-53 所示。

图 5-53　导航栏效果

5．动画

动画是网页中最活跃的元素，创意出众、制作精致的动画是吸引浏览者眼球的最有效方法之一。但是如果网页动画太多，也会使人眼花缭乱，进而产生视觉疲劳。

6．表格

表格是 HTML 语言中的一种元素，主要用于网页内容的布局，组织整个网页的外观，通过表格可以精确地控制各网页元素在网页中的位置，如图 5-54 所示。

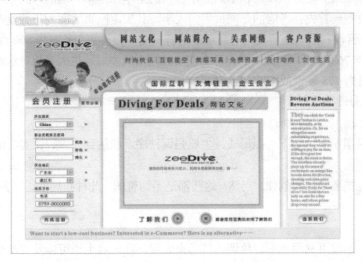

图 5-54　网页表格效果

7．框架

框架是网页的一种组织形式，将相互关联的多个网页的内容组织在一个浏览器窗口中显示。例如，在一个框架内放置导航栏，另一个框架中的内容可以随单击导航栏中的超级链接而改变。

8．表单

表单是用来收集访问者信息或实现一些交互作用的网页，浏览者填写表单的方式是输入文本、选中单选按钮或勾选复选框、从下列表单中选择选项等，如图 5-55 所示。

图 5-55　网页表单效果

5.3.4 网页的版面布局

设计网页的第一步就是设计网页版面的布局。布局，就是以最适合浏览的方式将图片和文字排放在页面的不同位置。就像传统的报刊杂志编辑一样，我们将网页看做一张报纸、一本杂志来进行排版布局。虽然动态网页技术的发展使得我们开始趋向于学习场景编辑，但是固定的网页版面设计基础依然是必须学习和掌握的。它们的基本原理是共通的，大家可以领会要点，举一反三。网页布局首先要考虑的是网页版面大小。其实，网页版面大小并没有固定的长宽尺寸限定，但由于目前一般大众所使用的显示器的解析度多数设定为长宽为 800 像素×600 像素，或者 1024 像素×768 像素，因此网页设计者在安排网页版型时，也大多针对这两种解析度来设计，一般宽度设为 778 像素或 1000 像素左右。

1. 网页布局遵循原则

（1）正常平衡

正常平衡多指左右、上下对照形式，主要强调秩序，能达到安定、诚实、信赖的效果。

（2）异常平衡

异常平衡也需要平衡和韵律。当然，这些都是不均整的，此种布局能达到强调性、不安性、高注目性的效果。

（3）对比

所谓对比，不仅可利用色彩、色调等技巧来表现，在内容上也可涉及古与今、新与旧、贫与富等对比。

（4）凝视

所谓凝视，是指利用页面中人物的视线，使浏览者仿照跟随的心理，以达到注视页面的效果，一般多用明星凝视状。

（5）空白

空白有两种作用：一方面相对于其他网站突出卓越，另一方面表示网页品位的优越感，这种表现方法对体现网页的格调十分有效。

（6）尽量用图片解说

这种方法对不能用语言说服、或用语言无法表达的情感特别有效。

2. 版面布局形式

（1）"国"字型

这种类型的版面最上面是网站的标题及横幅广告条，然后是网站的主要内容，左右分列两小条内容，中间是主要部分，与左右一起罗列到底，最下面是网站的基本信息、联系方式、版权声明等，如图 5-56 所示。

（2）拐角型

与"国"字型类似，其上面是标题及广告横幅，左侧是一窄列超级链接等，右列是很宽的正文，下面也是一些网站的辅助信息。在这种版面布局中，一种很常见的类型是最上面是标题及广告，左侧是导航链接，如图 5-57 所示。

　　图 5-56　"国"字型　　　　　　　　　　　　　　图 5-57　拐角型

（3）标题正文型

　　这种类型即最上面是标题或类似的一些内容，下面是正文，如一些文章页面或注册页面等，如图 5-58 所示。

（4）封面型

　　这种类型基本上出现在一些网站的首页，大部分为一些精美的平面设计结合一些小的动画，加上几个简单的超级链接或者仅有一个"进入"的超级链接，甚至直接在首页的图片上做超级链接而没有任何提示。这种类型大部分出现在企业网站和个人主页，如果处理得好，会带来赏心悦目的感觉，如图 5-59 所示。

　　图 5-58　标题正文型　　　　　　　　　　　　　图 5-59　封面型

（5）"T"结构布局

　　所谓"T"结构布局，是指网页上面和左面相结合，页面顶部为横条网站标志和广告条，左下方为主菜单，右面显示内容，这是网页设计中使用最广泛的一种布局方式。在实际设计中还可以改变"T"结构布局的形式，如图 5-60 所示。

（6）"口"型布局

这是一个形象的说法，指页面上下各有一个广告条，左面是主菜单，右面是友情链接等，中间是主要内容，如图 5-61 所示。

图 5-60　T 结构布局

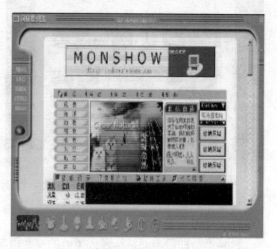

图 5-61　口结构布局

（7）对称对比布局

这种布局采取左右或上下对称的布局，一半深色、一半浅色，一般用于设计型站点，如图 5-62 所示。

（8）"三"结构布局

这种布局多用于国外站点，页面上横向是两条色块，将页面整体分割成 4 部分，色块中大多放广告条，如图 5-63 所示。

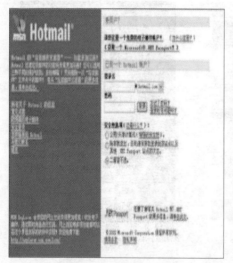

图 5-62　对称对比布局

图 5-63　"三"结构布局

（9）POP 布局

POP 源自广告术语，指页面布局像一张宣传海报，以一张精美图片作为页面的设计中心。这种布局常用于时尚类网站，优点是漂亮、吸引人，缺点是速度慢，如图 5-64 所示。

图 5-64　POP 布局

5.3.5　网页设计赏析

Ondo 网页设计赏析，如图 5-65 所示。

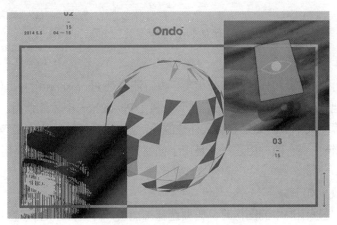

图 5-65　Ondo 网页

　　大部分人不会对沉闷的网页产生兴趣，而几何图形恰巧能在增强视觉体验的同时营造出活跃的氛围。Ondo 的网站选用了较为鲜艳的色彩，再加以特别的效果，使用户在浏览时得到了一种别样的视觉感受。Ondo 表达的是城市中的现代繁华。

任务 4　Photoshop CS5 相关知识

　　"滤镜"是 Photoshop 中用于创建图像特殊效果的一个强大工具，下面先来认识滤镜的概念。

5.4.1　滤镜的应用

1.　滤镜的概念

"滤镜"原本是一种摄影器材，摄影师将它们安装在照相机前面来改变照片的拍摄方式，可以影响色彩或者产生特殊的拍摄效果。Photoshop 滤镜是一种插件模块，它们能够操纵图像中的像素。在前面的项目中介绍过，位图是由像素构成的，每一个像素都有自己的位置和颜色值，而滤镜就是通过改变像素的位置或颜色来生成各种特殊效果的。图 5-66 所示为使用"塑料包装"后的滤镜效果。

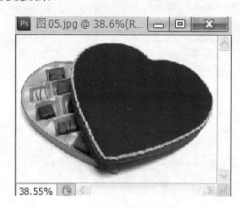 

（a）源图像　　　　　　　　　　　　　　　（b）使用"塑料包装"滤镜后

图 5-66　源图像及使用"塑料包装"滤镜后的图像

2.　滤镜的种类和用途

"滤镜"分为内置滤镜和外挂滤镜两大类。内置滤镜是 Photoshop 自身提供的各种滤镜，外挂滤镜则是由其他厂商开发的滤镜，它们需要安装在 Photoshop 中才能使用。Photoshop 中的所有滤镜都在"滤镜"菜单中。如果安装了外挂滤镜，则它们出现在"滤镜"菜单底部。

Photoshop 滤镜主要有两种用途：一是用于创建具体的图像效果；二是用于编辑图像。

3.　滤镜的使用规则

滤镜的使用规则如下。

1）使用滤镜处理图层中的图像时，需要选择该图层，并且图层必须是可见的。

2）如果创建了选区，则滤镜只处理选区中的内容，否则将处理当前层中的全部图像。

3）滤镜处理效果是以像素为单位进行计算的，因此，相同参数处理不同分辨率的图像时，其效果也会不同。

4）滤镜可以处理图层蒙版、快速蒙版和通道。

注意：　　执行完一个滤镜命令后，"滤镜"菜单的第一行便会出现该滤镜的名称，单击它或按"Ctrl+F"组合键可以快速应用这一滤镜。如果对该滤镜的参数做出调整，则可以按"Alt+Ctrl+F"组合键，打开滤镜的对话框，并重新设置参数。

4．滤镜库

"滤镜库"是一个整合了多种滤镜的对话框，它可以将一个或多个滤镜应用于图像，或者对同一图像多次应用同一滤镜，还可以使用对话框中的其他滤镜替换原有的滤镜。

（1）滤镜库概念

执行"滤镜-滤镜库"命令，或者使用"风格化"、"画笔描边"、"扭曲"、"素描"、"纹理"、"艺术效果"滤镜，都可以打开"滤镜库"，如图 5-67 所示。

图 5-67　滤镜库

1）预览区：用于预览滤镜效果。

2）滤镜组："滤镜库"中共包含 6 组滤镜，单击一个滤镜组前的按钮，可展开该滤镜组。

3）参数设置区：用于显示选中滤镜的相关参数，可在此对参数进行相应的设置。

（2）使用滤镜库

下面结合实例来使用滤镜库，具体操作方法如下。

1）执行"滤镜-滤镜库-画笔描边-喷色描边"命令，如图 5-68 所示。

（a）源图像　　　　　　　　　　（b）"喷色描边"效果

图 5-68　"喷色描边"滤镜效果

　　5. 智能滤镜

　　前面介绍过，滤镜需要修改像素才能呈现特效；而智能滤镜是一种非破坏性的滤镜，可以达到与普通滤镜完全相同的效果。但它是作为图层效果出现在"图层"面板中的，并不会真正改变图像中的任何像素，并且可以随时修改参数，或者删除滤镜。

　　（1）应用智能滤镜

　　下面结合实例来使用"智能滤镜"，具体操作方法如下。

　　1）执行"滤镜-转换为智能滤镜"命令，打开提示对话框，单击"确定"按钮，将"背景"层转换为智能对象，如图 5-69 所示。

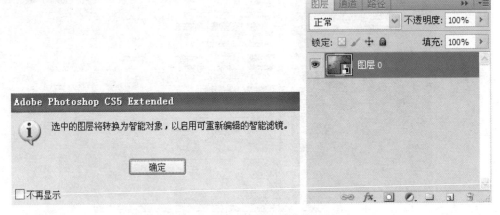

图 5-69　转换为智能滤镜

　　2）按"Ctrl+J"组合键，复制"图层 0"，得到"图层 0 复本"。执行"滤镜-素描-半调图案"命令，并将"图层 0 复本"的混合模式设为"正片叠底"。

　　3）执行"滤镜-锐化-USM 锐化"命令，效果如图 5-70 所示。

图 5-70　"半调图案"滤镜及"USM 锐化"滤镜效果

　　（2）修改智能滤镜

　　使用前面的实例来修改智能滤镜，具体操作方法如下。

　　1）双击"半调图案"智能滤镜，重新打开"滤镜库"，修改其参数，将"图案类型"设置为"圆形"，如图 5-71 所示，单击"确定"按钮，即可更新滤镜效果，如图 5-72 所示。

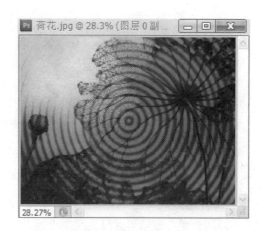

图 5-71　修改参数　　　　　　　　　　图 5-72　修改滤镜后的效果

（3）遮盖智能滤镜

"智能滤镜"包含一个智能蒙版，它与图层蒙版完全相同，编辑蒙版可以有选择性地遮盖智能滤镜，使滤镜只影响图像的一部分，具体操作方法如下。

单击智能滤镜的蒙版将它选中，如果要遮盖某一处滤镜的效果，则可以用黑色绘制；如果要显示某一处滤镜的效果，则用白色绘制，如图 5-73 所示。

图 5-73　编辑蒙版后滤镜的效果

5.4.2　滤镜组

1．风格化滤镜组

"风格化"滤镜组中包含 9 种滤镜，它们可以置换像素、查找并增加图像的对比度，产生绘画和印象派风格效果。这里以"查找边缘"滤镜、"浮雕效果"滤镜及"拼贴"滤镜为例进行介绍。

（1）查找边缘

"查找边缘"滤镜能自动搜索图像像素对比度变化剧烈的边界，将高反差区变亮，低反差区变暗，其他区域则介于两者之间，硬边变为线条，而柔边变粗，形成一个清晰的轮廓，如图 5-74 所示。

图 5-74　源图像及"查找边缘"滤镜效果

（2）浮雕效果

"浮雕效果"滤镜可通过勾画图像或选区轮廓和降低周围色值来生成凸起或凹陷的浮雕效果，如图 5-75 所示。

图 5-75　源图像及"浮雕效果"滤镜效果

（3）拼贴

"拼贴"滤镜可根据指定的值将图像分为块状，并使其偏离原来的位置，产生不规则瓷砖拼凑成的图像效果，如图 5-76 所示。

图 5-76　源图像及"拼贴"滤镜效果

2. 画笔描边滤镜组

"画笔描边"滤镜组中包含 8 种滤镜，它们当中的一部分滤镜可通过不同的油墨和画笔勾画图像产生绘画效果，有些滤镜可以添加颗粒、绘画、杂色、边缘细节或纹理。这些滤镜不能用于 Lab 和 CMYK 模式的图像。以"成角线条"滤镜、"墨水轮廓"滤镜及"喷溅"滤镜为例进行介绍。

（1）成角线条

"成角线条"滤镜可以使用对角描边重新绘制图像，用一个方向的线条绘制亮部区域，再用相反方向的线条绘制暗部区域，如图 5-77 所示。

图 5-77　源图像及"成角线条"滤镜效果

（2）墨水轮廓

"墨水轮廓"滤镜能够以钢笔画的风格，用纤细的线条在原细节上重绘图像，如图 5-78 所示。

图 5-78　源图像及"墨水轮廓"滤镜效果

（3）喷溅

"喷溅"滤镜能够模拟喷枪，使图像产生笔墨喷溅的艺术效果，如图 5-79 所示。

图 5-79　源图像及"喷溅"滤镜效果

3．模糊滤镜组

"模糊"滤镜组中包含 11 种滤镜，它们可以削弱相邻像素的对比度并柔化图像，使图像产生模糊效果。在去除图像的杂色，或者创建特殊效果时会经常用到此类滤镜。这里以"表面模糊"滤镜、"动感模糊"滤镜及"径向模糊"滤镜为例进行介绍。

（1）表面模糊

"表面模糊"滤镜能够在保留边缘的同时模糊图像,可用来创建特殊效果并消除杂色或颗粒,用它为人像照片进行磨皮等，效果非常好，如图 5-80 所示。

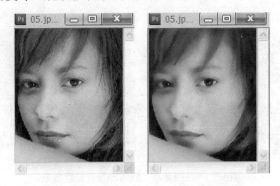

图 5-80　源图像及"表面模糊"滤镜效果

（2）动感模糊

"动感模糊"滤镜可以根据制作效果的需要沿指定方向、以指定强度模糊图像，产生的效果类似于以固定的曝光时间给一个移动的对象拍照。在表现对象的速度时会经常用到该滤镜，如图 5-81 所示。

图 5-81　源图像及"动感模糊"滤镜效果

（3）径向模糊

"径向模糊"滤镜可以模拟缩放或旋转的相机所产生的模糊效果，如图 5-82 所示。

图 5-82　源图像及"径向模糊"滤镜效果

4. 扭曲滤镜组

"扭曲"滤镜组中包含 13 种滤镜，它们可以对图像进行几何扭曲，创建 3D 或其他整形效果，在处理图像时，这些滤镜会占用大量内存，如果文件较大，则可以先在小尺寸的图像上试验。下面以"极坐标"滤镜、"挤压"滤镜及"切变"滤镜为例进行讲解。

（1）极坐标

"极坐标"滤镜可以将图像从平面坐标转换为极坐标，或者从极坐标转换为平面坐标。使用该滤镜可以创建 18 世纪流行的曲面扭曲效果，如图 5-83 所示。

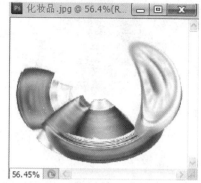

图 5-83　源图像及"极坐标"滤镜效果

（2）挤压

"挤压"滤镜可以将整个图像或选区内的图像向内或向外挤压。"挤压"对话框中的"数量"用于控制挤压程度，该值为负值时图像向外凸出；该值为正值时图像向内凹陷，如图 5-84 所示。

图 5-84　源图像及"挤压"滤镜效果

（3）切变

"切变"滤镜是比较灵活的滤镜，可以按照自己设定的曲线来扭曲图像。在曲线上单击可以添加控制点，通过拖动控制点改变曲线的形状即可扭曲图像；如果要删除某个控制点，则将它拖动到对话框外即可。单击"默认"按钮，则可将曲线恢复到初始的直线状态，如图 5-85 所示。

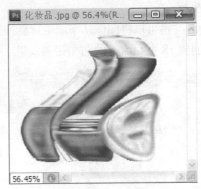

图 5-85   源图像及"切变"滤镜效果

5. 锐化滤镜组

"锐化"滤镜组中包含 5 种滤镜，它们可以通过增强相邻像素间的对比度来聚集模糊的图像，使图像变得清晰。这里以"USM 锐化"和"智能锐化"为例进行讲解。

（1）USM 锐化

"USM 锐化"滤镜可以查找图像中颜色发生显著变化的区域，然后将其锐化。对于专业的色彩校正，可以使用该滤镜调整边缘细节的对比度，如图 5-86 所示。

图 5-86   源图像及"USM 锐化"滤镜效果

（2）智能锐化

"智能锐化"与"USM 锐化"滤镜比较相似，但它具有独特的锐化控制选项，可以设置锐化算法、控制阴影和高光区域的锐化量，如图 5-87 所示。

图 5-87   源图像及"智能锐化"滤镜效果

6.　素描滤镜组

"素描"滤镜组中包含 14 种滤镜,它们可以将纹理添加到图像中,常用来模拟素描和速写等艺术效果或手绘外观。大部分滤镜在重绘图像时要使用前景色和背景色,因此,设置不同的前景色和背景色,可以获得不同的效果。这里以"半调图案"滤镜、"绘图笔"滤镜及"撕边"滤镜为例进行讲解。

(1)半调图案

"半调图案"滤镜可以在保持连续色调的同时,模拟半调网屏效果,如图 5-88 所示。

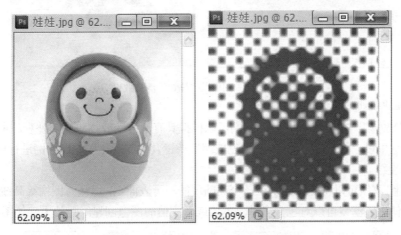

图 5-88　源图像及"半调图案"滤镜效果

(2)绘画笔

"绘画笔"滤镜使用细的、线状的油墨描边来捕捉源图像中的细节,前景色作为油墨,背景色作为纸张,以替换源图像中的颜色,如图 5-89 所示。

图 5-89　源图像及"绘画笔"滤镜效果

(3)撕边

"撕边"滤镜可以重建图像,使之像是由粗糙、撕破的纸片组成的,然后使用前景色与背景色为图像着色,对于文本或高对比度图像而言,该滤镜尤其有用,如图 5-90 所示。

图 5-90　源图像及"撕边"滤镜效果

7. 纹理滤镜组

"纹理"滤镜组中包含 6 种滤镜，它们可以模拟具有深度感或物质感的外观，或者添加一种器质外观。这里以"龟裂缝"滤镜、"染色玻璃"滤镜及"纹理化"滤镜为例进行讲解。

（1）龟裂缝

"龟裂缝"滤镜可以将图像绘制在一个高凸现的石膏表面上，以循着图像等高线生成精细的网状裂缝。使用该滤镜可以对包含多种颜色值或灰度值的图像创建浮雕效果，如图 5-91 所示。

图 5-91　源图像及"龟裂纹"滤镜效果

（2）染色玻璃

"染色玻璃"滤镜可以将图像重新绘制为单色的相邻单元格，色块之间的缝隙用前景色填充，使图案看起来像是彩色玻璃，如图 5-92 所示。

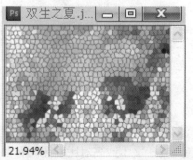

图 5-92　源图像及"染色玻璃"滤镜效果

（3）纹理化

"纹理化"滤镜可以生成各种纹理，在图像中添加纹理质感，可选择的纹理包括"砖形"、"粗麻布"、"画布"和"砂岩"，也可以单击"纹理"选项右侧的下拉按钮，载入一个 PSD 格式的文件作为纹理文件，如图 5-93 所示。

图 5-93　源图像及"纹理化"滤镜效果

8．像素化滤镜组

"像素化"滤镜组中包含 7 种滤镜，它们可以通过单元格中颜色值相近的像素结成块来清晰地定义一个选区，可用于创建彩块、点状、晶格和马赛克等特殊效果。这里以"点状化"滤镜和"晶格化"滤镜为例进行讲解。

（1）点状化

"点状化"滤镜可以将图像中的颜色分散为随机分布的网点，如同点状绘画效果，背景色将作为网点之间的画布区域。使用该滤镜时，可通过"单元格大小"来控制网点的大小，如图 5-94 所示。

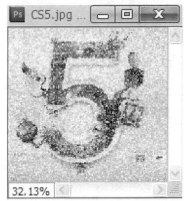

图 5-94　源图像及"点状化"滤镜效果

（2）晶格化

"晶格化"滤镜可以使图像中相近的像素集中到多边形色块中，产生类似结晶的颗粒效果。使用该滤镜时，可通过"单元格大小"来控制多边形色块的大小，如图 5-95 所示。

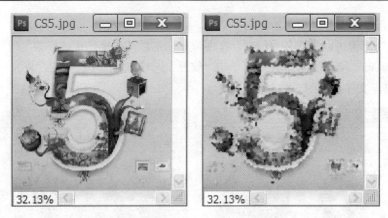

图 5-95　源图像及"晶格化"滤镜效果

9. 渲染滤镜组

"渲染"滤镜组中包含 5 种滤镜，这些滤镜可以在图像中创建 3D 形状、云彩图案、折射图案和模拟的光反射，是非常重要的特效制作滤镜。这里以"云彩"滤镜及"光照效果"滤镜为例进行介绍。

（1）云彩

"云彩"滤镜可以使用介于前景色与背景色之间的随机值生成柔和的云彩图案。如果按住"Alt"键，然后执行"云彩"命令，则可以生成色彩更加鲜明的云彩图案，如图 5-96 所示。

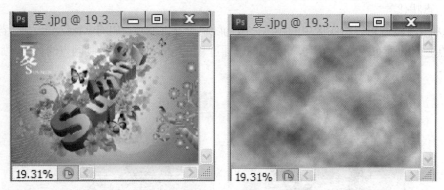

图 5-96　源图像及"云彩"滤镜效果

（2）光照效果

"光照效果"滤镜是一个强大的灯光效果制作滤镜，它包含 17 种光照样式、3 种光照类型和 4 套光照属性，可以在 RGB 图像上产生无数种光照效果，还可以使用灰度文件的纹理产生类似 3D 的效果。

图 5-97 所示为"光照效果"对话框，在"样式"下拉列表中可以选择一种预设的灯光样式。图 5-98 为源图像，图 5-99 为几种预设的灯光效果。"光照类型"下拉列表中包括"平行光"、"全光源"及"点光" 3 种类型的光源，选择一种光源后，可以在对话框左侧调整它的位置和照射范围，或者添加多个光源。

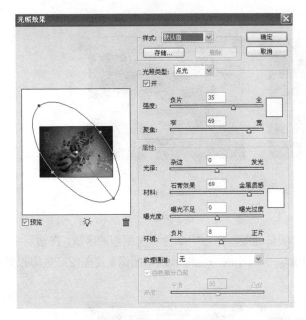

图 5-97　"光照效果"对话框

图 5-98　源图像

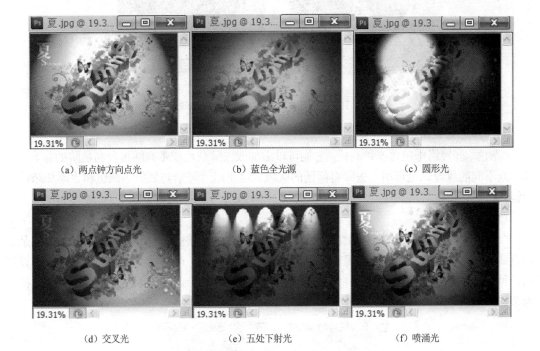

（a）两点钟方向点光　　　　　（b）蓝色全光源　　　　　（c）圆形光

（d）交叉光　　　　　　　（e）五处下射光　　　　　　（f）喷涌光

图 5-99　"光照效果"滤镜的几种效果

10. 艺术效果滤镜组

"艺术效果"滤镜组中包含 15 种滤镜，它们可以模仿自然或传统介质效果，使图像看起来更贴近绘画或艺术效果。这里以"壁画"滤镜和"海报边缘"滤镜为例进行讲解。

（1）壁画

"壁画"滤镜使用短而圆的、粗略涂抹的小块颜料，以一种粗糙的风格绘制图像，使图像呈现一种古壁画般的效果，如图 5-100 所示。

图 5-100　源图像及"壁画"滤镜效果

（2）海报边缘

"海报边缘"滤镜可以按照设置的选项自动跟踪图像中颜色变化剧烈的区域，在边界上填入黑色的阴影，大而宽的区域有简单的阴影，而细小的深色细节遍布图像，使图像产生海报效果，如图 5-101 所示。

图 5-101　源图像及"海报边缘"滤镜效果

11.　杂色滤镜组

"杂色"滤镜组中包含 5 种滤镜，它们可以添加或去除杂色或带有随机分布色阶的像素，创建与众不同的纹理，也可用于去除有问题的区域。这里以"蒙尘与划痕"滤镜和"添加杂色"滤镜为例进行讲解。

（1）蒙尘与划痕

"蒙尘与划痕"滤镜可通过更改相异的像素来减少杂色，该滤镜对于去除扫描图像中的杂点和折痕特别有效，为了在锐化图像和隐藏瑕疵之间取得平衡，可尝试"半径"与"阈值"设置的各种组合。"半径"值越高，模糊程度越强；"阈值"则用于定义像素的差异有多大才能被视为杂点，该值越高，去除杂点的效果越弱，如图 5-102 所示。

图 5-102　源图像及"蒙尘与划痕"滤镜效果

（2）添加杂色

"添加杂色"滤镜可以将随机的像素应用于图像，模拟在调整胶片上拍照的效果，该滤镜也可以用来减少羽化选区或渐变填充中的条纹，或使经过重大修饰的区域看起来更真实。或者在一张空白的图像上生成随机的杂点，制作成杂纹或其他底纹，如图 5-103 所示。

图 5-103　源图像及"添加杂色"滤镜效果

12. 镜头校正滤镜

"镜头校正"滤镜可以修复常见的镜头缺陷，如桶形失真、晕影、色差及校正图像的垂直与水平透视等。图 5-104 所示为镜头校正滤镜对话框。

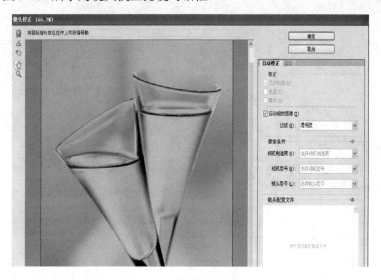

图 5-104　镜头校正对话框

对话框中各主要工具及选项的用法如下。

1）移去扭曲工具：帮助图像校正镜头的桶形失真与枕形失真。桶形失真是常见的镜头缺陷之一，会导致图像的直线向外弯曲；而枕形失真的效果则与之相反，直线会向内弯曲，也可以通过移去扭曲工具来进行校正。

2）拉直工具：绘制一条线将图像拉直到新的横轴或纵轴。

3）移动网格工具：拖动以移动或对齐网格。

4）色差：由于镜头无法将不同频率的光线聚焦到同一点而造成的，就像印刷中套印没有套准的效果，通过"修复红/青边"选项可以校准红色通道相对于绿色通道的大小；通过"修复蓝

/黄边"选项可以校准蓝色通道相对于绿色通道的大小。

5）晕影：用于图像边缘一圈过暗或者过亮的校正。

6）数量：设置沿图像边缘变亮或变暗的程度。

7）垂直透视：可以校正由于镜头产生的图像透视，使垂直线校正平行。

8）水平透视：可以校正由于镜头产生的图像透视，使水平线校正平行。

9）角度：校正图像的倾斜角度，也可以通过旋转拉直工具来进行校正。

10）边缘：用于指定使用何种方式处理因校正图像透视后产生的空白区域。

13. 消失点滤镜

"消失点"滤镜可以创建在透视的角度下编辑的图像，允许在包含透视平面的图像中进行透视校正编辑。通过使用"消失点"滤镜来修饰、添加或移去图像中包含透视的内容，结果将更加逼真。图 5-105 所示为"消失点"对话框。

图 5-105　　"消失点"对话框

14. Digimarc 滤镜组

"Digimarc"滤镜可以将数字水印嵌入到图像中以存储版权信息。使图像的版权通过 Digimarc ImageBridge 技术的数字水印受到保护。水印是一种以杂色方式添加到图像中的数字代码，肉眼是看不到这些代码的。添加数字水印后，无论进行通常的图像编辑，还是 Digimarc 文件格式转换，水印仍然存在。复制带有嵌入水印的图像时，水印和与水印相关的任何信息也会被复制。

（1）嵌入水印

"嵌入水印"滤镜可以在图像中加入著作权信息。在嵌入水印前，用户必须先向 Digimarc Corporationa 公司注册，取得一个 Digimarc ID，然后将这个 ID 随同著作权信息一并嵌入到图像中，但需要支付一定的费用。图 5-106 所示为"嵌入水印"对话框。

图 5-106　"嵌入水印"对话框

1）Digimarc 标识号：设置创建者的个人信息。

2）图像信息：用来填写版权的申请年份等信息。

3）图像属性：用来设置图像的使用范围。

4）目标输出：指定图像用于显示器显示、Web 显示还是打印显示。

5）水印耐久性：设置水印的耐久性和可视性。

（2）读取水印

"读取水印"滤镜主要用来阅读图像中的数字水印内容。当一个图像中含有数字水印时，在图像窗口标题栏和状态栏上会显示一个"C"状符号。

执行该命令时，Photoshop 即对图像内容进行分析，并找出内含的数字水印数据。若找到了 ID 及相关数据，则可以连接到 Digimarc 公司的站点，依据 ID，找到作者的联络资料及租片费用等。若在图像中找不到数字水印效果，或是数字水印已因过度的编辑而损坏，则 Photoshop 会打开提示对话框，提示用户该图像中没有数字水印或已经遭受破坏的信息。

小　　结

首先，一个优秀的网站要有一个明确的主题，明确这个网站有什么目的，用来做什么，整个网站围绕这个主题制作；其次，要了解网站所在行业的客户，用户是一个网站成败的关键。

课后训练 5

学生根据设计要求，创作完成"端午节"网站首页，设计要求如下。

① 根据网页设计主题需要，自主搜集相关素材。

② 对网站的结构、栏目的设置、网站的风格、文字图片进行整体规划，使网页制作驾轻就熟，胸有成竹。

③ 能够对整个页面布局、页面配色的知识和技能有一个全新的升华及应用。

④ 熟练使用 Photoshop CS5 相关工具，掌握其操作的技巧和重要环节，完成创作。

参 考 文 献

[1] 数码创意. 新手学 Photoshop CS6 数码照片处理. 北京：电子工业电出版社，2013.

[2] 赵琨. Photoshop CS5 基础与实例教程. 北京：北京师范大学出版社，2014.

[3] 权威. Photoshop CS5 中文版完全自学手册. 北京：人民邮电出版社，2011.

[4] 段宏斌. Photoshop CS5 平面设计实战教程. 北京：中国传媒大学出版社，2012.

[5] 李金明. 中文版 Photoshop CS6 完全自学教程. 北京：人民邮电出版社，2012.

[6] 汪可. Adobe Photoshop CS6 标准培训教材. 北京：人民邮电出版社，2013.

反侵权盗版声明

电子工业出版社依法对本作品享有专有出版权。任何未经权利人书面许可，复制、销售或通过信息网络传播本作品的行为；歪曲、篡改、剽窃本作品的行为，均违反《中华人民共和国著作权法》，其行为人应承担相应的民事责任和行政责任，构成犯罪的，将被依法追究刑事责任。

为了维护市场秩序，保护权利人的合法权益，我社将依法查处和打击侵权盗版的单位和个人。欢迎社会各界人士积极举报侵权盗版行为，本社将奖励举报有功人员，并保证举报人的信息不被泄露。

举报电话：（010）88254396；（010）88258888

传　　真：（010）88254397

E-mail：　dbqq@phei.com.cn

通信地址：北京市万寿路 173 信箱

　　　　　电子工业出版社总编办公室

邮　　编：100036